PACKAGING DESIGN

高等学校设计类专业教材

包装设计

第2版

李丽 编著

机械工业出版社
CHINA MACHINE PRESS

本书为高等学校工业设计、艺术设计等专业使用的专业课教材。全书共8章，内容包括：包装设计概论、包装的历史与未来、包装设计与市场推广、包装的主要材料、包装造型设计、典型包装结构设计、包装装潢设计和包装印刷与工艺。为适应创新人才培养、一流教材建设的需求，本书充分体现知识的前沿性，讲解国内外包装设计的新理念、新技术、新工艺和新成果。本书的内容编排遵循CDIO国际工程教育理念，注重创新与实践，每章均配有思考练习题，且前后有机衔接，可供学生巩固理论知识和进行设计实践。

本书以市场营销的系统视角编写，理论体系完整，理念先进、内容新颖、图片案例丰富，配有241组精美彩图。本书的最大特色在于结合重要知识点，精心编写50个“案例精讲”，剖析成功的商业包装案例，融汇传承中国文化特色的包装设计案例，点评国际新潮的创意作品。本书讲解的相关内容有助于培养文化自信，开发读者的市场意识和全球意识，并有助于激发创作灵感、提升实践能力。

本书可作为工业设计、艺术设计、视觉传达设计、包装设计等专业的教学用书，以及其他相关专业的选修课教材或教学参考书，也可作为从事包装设计与市场推广的设计人员、管理人员的参考书。

图书在版编目（CIP）数据

包装设计/李丽编著. —2版. —北京：机械工业出版社，2022.12（2025.1重印）
高等学校设计类专业教材
ISBN 978-7-111-71761-4

Ⅰ.①包… Ⅱ.①李… Ⅲ.①包装设计—高等学校—教材 Ⅳ.①TB482

中国版本图书馆CIP数据核字（2022）第186965号

机械工业出版社（北京市百万庄大街22号　邮政编码100037）
策划编辑：王勇哲　　责任编辑：王勇哲　王　芳
责任校对：李小宝　贾立萍　　封面设计：王　旭
责任印制：单爱军
北京虎彩文化传播有限公司印刷
2025年1月第2版第3次印刷
184mm×260mm · 12.75印张 · 253千字
标准书号：ISBN 978-7-111-71761-4
定价：65.00元

电话服务
客服电话：010-88361066
010-88379833
010-68326294

网络服务
机　工　官　网：www.cmpbook.com
机　工　官　博：weibo.com/cmp1952
金　　书　　网：www.golden-book.com
机工教育服务网：www.cmpedu.com

第2版前言

无论是发达国家，还是新兴的工业化国家，都把设计创新列为国家创新战略的重要组成部分。当前我国对工业设计高度重视，要实现“中国制造”向“中国创造”的顺利转型，有效提高产品附加值、提升自主品牌的国际竞争力，亟需创新型设计人才。2019年，教育部将教材编写与选用纳入一流专业和一流课程建设的硬指标，“包装设计”课程在工业设计、艺术设计专业教学体系中占有重要的位置，亟需一流教材作为一流课程的支撑。

《包装设计》第1版自2016年6月出版以来，累计印刷4次，被近百所高校使用，受到师生的广泛好评。2020年12月，在辽宁省教育厅举办的首届辽宁省教材建设奖评选中，本书获得省级优秀教材（高等教育类）。结合应用型本科工业设计等相关专业的教材建设、人才培养模式和教育教学的改革需要，为了更好地满足当前“包装设计”课程的实际教学需求，并反映国际前沿的包装设计理念与趋势，为创新型人才培养、一流专业建设提供重要支撑，特此修订。

第2版在第1版理论体系的基础上，根据近几年市场需求和营销策略的变化，以及包装设计的最新发展趋势，精编新的商业案例，剖析新的设计动向，进一步完善理论体系，体现国内外包装设计的新理念、新技术、新工艺和新成果。第2版修订的主要内容包括：增补6小节理论知识，更新25个案例精讲，替换18组图例及说明。

本书共8章，内容包括：包装设计概论、包装的历史与未来、包装设计与市场推广、包装的主要材料、包装造型设计、典型包装结构设计、包装装潢设计、包装印刷与工艺。

包装是提高产品附加值、塑造并提升品牌形象最为有效的营销手段。包装设计不仅是一种艺术创造活动，还是一种重要的市场营销活动，而包装设计大师往往是这两方面的专家。优秀的包装设计能将技术与艺术有机结合，体现企业品牌设计、整合营销的战略，提升产品和品牌的商业价值。更有生命力和价值的上乘包装设计，还要考虑将民族文化与时代特色创新结合，体现文化价值和社会价值，重视环境效益。

本书正是基于这一思想编写的，主要有以下特色：

1. 理论体系完整

本书不局限于包装设计环节，而是从市场营销的系统视角，传授包装设计与市场推广的系统知识与能力，梳理出一条鲜明的包装材料与形式的发展主线，并重点讲解了包装策划、包装设计、印刷工艺等核心理论知识。

2. 理念先进

本书基于先进的CDIO国际工程教育理念，课后思考练习题着重设计实践，与每章理论内容有机结合，且前、后章的思考练习题自然衔接，可以循序渐进地培养读者的创新设计思维，以及系统解决实际问题的实践能力。

3. 内容新颖

本书介绍了当前国际上最为新颖的包装设计理念、包装材料与技术、包装色彩流行趋势，以及包装特殊印刷与表面工艺。本书还收集了国内外大量新潮的包装设计作品，全书共配有241组精美彩图，为读者打造了一场视觉盛宴，有助于开拓全新设计思路。

4. 案例精编精讲

本书的最大特色在于结合重要知识点，精心编写了50个案例精讲，剖析国内外成功的商业包装案例，点评新潮的创意作品，融汇传承中国文化特色的包装设计案例及国外优秀的包装设计案例，涉及的包装类型、形式更加丰富，包括：零食、坚果、鸡蛋、大米、茶叶、月饼、药品、外卖、酒水、咖啡、牛奶、蜂蜜、巧克力、橄榄油、化妆品、洗护品、香水、文具、工具、礼品和珠宝等包装。案例精讲使读者充分消化、理解理论知识，为其提供设计借鉴，并启发其设计思路，使其能以市场意识和全球意识提出系统的包装创新解决方案。

编著者在本书编写过程中参考了一些著作文献，在此对相关著作文献的作者表示感谢。本书第1版荣获省级优秀教材奖，第2版由沈阳工业大学资助出版。本书的顺利出版有赖于机械工业出版社编辑付出的大量辛勤而细致的工作，在此表示衷心的感谢和敬意！

限于作者水平，书中难免有不足之处，敬请广大读者批评指正。

编著者

第1版前言

中国有句古语“人靠衣装，佛靠金装”。对于商品而言，同样需要包装。长久以来，商家运用有形有色、富有感染力的包装设计来吸引消费者购买产品，这使包装成为市场营销的重要部分。好的包装设计能让产品在众多同类商品中脱颖而出，最先获得消费者的关注，起到引导消费、宣传品牌的作用。尤其在商品经济高度发达的今天，产品同质化程度越来越高，市场趋于饱和，商业竞争愈演愈烈，商家更加注重通过产品包装外观设计来增强产品的市场竞争力，以优秀的包装设计赋予产品高附加值，从而获得利润。

包装设计不仅是一种艺术创造活动，更是一种重要的市场营销活动，包装设计大师往往是这两方面的专家。传统的包装设计重点放在包装本体上，即研究功能、材料、造型与结构之间的关系，并通过装潢设计来提高视觉吸引力。而随着现代市场营销 5P 理论的发展，作为其中一个重要因素的包装（Package），其设计也应该从系统的角度出发，与其他 4P 因素——产品、促销、价格、渠道（Product，Promotion，Price，Place）有机整合，设计出创新的系统解决方案，力求最大限度地提高品牌和产品的知名度及销售额，此乃包装设计的上乘之作。

本书正是从市场营销的系统视角来编写的，主要有以下特色。

1. 理论体系完整

本书不局限于包装设计环节，而是从市场营销的系统视角，介绍包装设计与市场推广的系统知识并培养学生的设计能力，梳理出一条鲜明的包装材料与形式的发展主线，并重点讲解了包装策划、包装设计、印前输出等核心理论知识。

2. 理念先进

本书基于国际先进的 CDIO 工程教育理念，课后习题着重于包装设计实践，与每章理论内容有机结合，且与前、后章的思考练习题自然衔接，循序渐进地培养学生的创新设计思维，以及系统解决实际问题的实践能力。

3. 内容新颖

本书介绍了时下国际最为新颖的包装设计理念、包装材料与技术、包装色彩流行趋势，以及包装特殊表面工艺等，融汇了国内外大量新潮的包装设计作品，全书共配有224幅精美图片，为读者打造视觉盛宴，开拓全新设计思路。

4. 案例精编精讲

本书的最大特色是结合重要知识点，精心选编了50个案例精讲，剖析成功的商业包装案例，点评国际新潮的设计作品，融汇经典与时尚，兼顾实用与创意，让读者充分消化理论知识，加深理解何为优秀的包装设计，从中汲取设计养分，并以市场的意识和全球的意识，提出系统的包装创新解决方案。

5. 二维码链接资源

书中部分内容配有二维码，读者可用手机或平板电脑扫描书中的二维码，观看更多有价值的设计资源和相关资料，以获得更佳的阅读体验。

本书共8章内容，依次为：包装设计概论、包装的历史与未来、包装设计与市场推广、包装的主要材料、包装造型设计、典型包装结构设计、包装装潢设计、包装印刷与工艺。本书由李丽主笔编著，并统一书稿；沈阳建筑大学任义、张晶，沈阳工业大学张剑、曲弋、赵芳、刘旭，沈阳工学院蔡学静，大连工业大学曹文浩，以及广东松山职业技术学院张沈宁参加了本书的编写工作。

本书在编写过程中参考了相关的著作文献，得到沈阳工业大学金嘉琦教授、东北大学刘涛教授的大力支持，机械工业出版社舒恬编辑为本书的顺利出版付出了大量辛勤而细致的工作，在此一并表示衷心的感谢！

由于作者水平有限，书中不足之处恳请读者指正。

编著者

目 录

第3章 包装设计与市场推广

第4章 包装的主要材料

第5章 包装造型设计

第6章 典型包装结构设计

第7章 包装装潢设计

第 8 章　包装印刷与工艺

第1章

包装设计概论

1.1　包装的定义

1.2　包装的功能

1.3　包装设计的主要任务

1.1 包装的定义

中国有句古语“人靠衣装，佛靠金装”。对于商品而言，同样需要包装。从字面角度来说，“包装”一词是并列结构，“包”即包裹，“装”即装饰，意思是把物品包裹、装饰起来。从设计角度来说，“包”是用一定的材料把物品裹起来，其根本目的是使物品不易受损，方便运输，这是实用科学的范畴，属于物质的概念；“装”是指事物的修饰点缀，这里指对包裹好的物品用不同的手法进行美化装饰，使包裹的外表看上去更漂亮、更有档次，这是美学范畴，属于文化的概念。单纯地讲“包装”，是将这两种概念合理、有效地融为一体。

长久以来，商家运用有形有色、富于感染力的包装设计来吸引消费者购买产品，这早已成为市场营销的重要部分。尤其是在商品经济高度发达的今天，产品同质化程度越来越高，市场趋于饱和，商业竞争越演越烈，因此企业更加注重通过产品包装的外观设计来增强产品的市场竞争力，以优秀的包装设计赋予产品高附加值，从而获得利润。好的包装设计能让产品在众多同类商品中脱颖而出，最先获得消费者的关注，起到引导消费、宣传品牌的作用。

不同国家和地区的包装行业范围、技术特征及法律法规都有所不同，对包装的定义也不尽相同。为了更全面、更深入地理解包装的定义和内涵，以下列出几个主要国家和地区对包装的定义。

1）美国包装协会（RPA）对包装的定义：符合产品的需求，依据最佳的成本，便于货物的输送、流通、交易、储存和贩卖，而实施的统筹整体的准备工作。

2）欧盟包装指令（94/62/EC）中对包装的定义：从原材料到加工过的货物，从生产者到使用者或消费者的，由任何性质原材料制成的被用于包容、保护、搬运、展示货物目的的所有产品。

3）日本工业标准（JIS）中对包装的定义：使用适当的材料、容器等技术，便于物品的运输，保护物品的价值，保持原有形态的形式。

4）我国国家标准《包装术语　第1部分：基础》（GB/T 4122.1—2008）中对包装的明确定义：为在流通过程中保护产品，方便储存，促进销售，按一定技术方法而采用的容器、材料及辅助物等的总体名称。也指为了达到上述目的而采用容器、材料和辅助物的过程中施加一定方法等的操作活动。

1.2 包装的功能

1.2.1 容纳功能

容纳商品是包装最原始，也是最基本的功能。要根据商品的特性，并考虑便于运输、码放和携带，以及单价等因素，选择合适的包装材料，确定合理的包装容积。

1）许多本身没有一定的集合形态（如液体、气体、粉末、黏稠状物等）的商品，没有包装就无法运输和销售（见图 1-1），只能依靠包装的容纳形成特定的商品形态。

2）对于质地疏松的商品，利用包装的容纳功能结合标准化并合理压缩，可充分利用包装容积，节约包装费用，节省储运空间（见图 1-2）。

图 1-1　国外系列化妆品包装

图 1-2　国外精美的食品包装

3）对于复杂结构的商品，在包装的容纳作用下，其外形变得整齐划一，便于组合成大型包装（见图 1-3）。

1.2.2　保护功能

保护是包装最首要的功能之一。随着包装行业材料技术的不断发展，以及包装设计理念的革新，保护功能的内涵及效用也在不断扩展。包装不仅要防止由外到内的损伤，还要考虑由内到外的破坏。

图 1-3　Etac Avant 助行车包装

1. 保护商品

包装必须能够在一定的期限内保护内在的商品，使其在运输、销售、存放、使用过程中不受外力破坏或自然因素的侵蚀，以免商品变形、破损、变质或泄漏。有效的商品包装可以起到防潮、防热、防冷、防挥发、防污染、防氧化、防锈、防振、防变形、防虫、防霉、保鲜和无菌等保护商品的作用。

对于不同行业、不同特性的商品（如食品、药品、化妆品、机械产品、电子产品等），包装设计要充分考虑商品特性、运输环境、销售环境、使用方式和存放条件等因素，还必须符合相应的包装行业标准和法律法规等。因此，在包装商品时，要注意商品包装材料的选择及包装的技术控制。

2. 保护人身安全

包装的保护功能不应局限于保护内部的商品，还要防止内部的商品危害人身安全。包装的材料、结构、开启密封方式等应当能够保护人身安全。特别是那些具有易燃性、爆炸性、腐蚀性、毒性、感染性和放射性的商品，应采用特殊包装，并打上危险货物标志和说明文字，以便安全地进行储运、装卸和使用，避免污染环境，保障人和生物的安全。

防伪与防揭技术结合得越来越紧密，已经成为国际流行的防伪趋势之一。破坏性防伪包装可以实现防伪和防窃启，当消费者打开包装取用商品时，就必须将包装或装潢破坏掉，一旦开启就不能复原，从而有效制止了利用旧包装制假的行为。同时，一次性破坏结构也可直观地提醒消费者商品是否已被人使用过或动过手脚，以避免掺假、偷换和投毒等恶性人为破坏。目前破坏性防伪包装在酒水、饮料、食品、药品和化妆品等领域已得到较为广泛的应用。常见的破坏性防伪包装形式有防伪防揭瓶盖、可撕式收缩薄膜和粘贴封口的纸盒等。

案例精讲 1

泰诺的破坏性防伪包装

破坏性防伪包装诞生于泰诺（Tylenol）药品被投毒致人死亡事件。1982 年 9 月底，在芝加哥地区发生了连续 7 人服用泰诺药品而死亡的事件，引发了公众极大的恐慌，医院、药店纷纷退货，泰诺品牌的产品销售量急剧下降。许多市场营销专家认为这个品牌将会消失，因为消费者会永远将它与死亡事件联系起来。强生公司面临生死存亡的选择。

医疗部门与警方调查之后发现，致死原因是不法分子利用泰诺的包装漏洞在胶囊中加入了剧毒氰化物。事件发生后，在首席执行官吉姆·博克（Jim Burke）的领导下，强生公司迅速采取了一系列危机公关措施。虽然在全部 800 万片药剂的检验中，发现总计不超过 75 片药剂受到氰化物的污染，但是强生公司仍然按照公司的最高危机方案原则，即“在遇到危机时，公司应首先考虑公众和消费者利益”，不惜花巨资在最短时间内回收 3100 万个同类药瓶，并公开销毁。时值美国政府和芝加哥等地的地方政府正在制定新的药品安全法，要求药品生产企业采用“无污染包装”，强生公司看准了这一机会，立即率先响应，推出了“预防变造”的新包装，由此向商业包装界推出了一种新概念。

泰诺新包装采用了 3 层密封，纸盒用胶水粘住，瓶盖上有可撕式收缩薄膜，瓶口有撕后无法复原的箔纸，并印有文字警示，如果安全封口被破坏，就不要使用药物，从而预防药品再被人恶意投毒（见图 1-4）。这种非常巧妙的破坏性防伪包装设计，在很大程度上挽救了强生公司，在价值 12 亿美元的止痛片市场上，强生公司仅用 5 个月的时间就夺回了原先 70% 的市场份额。该包装设计也成为制药行业的包装制造标准。强生公司成功应对泰诺投毒事件也成为企业危机管理的经典案例。

图 1-4　泰诺 3 层密封的包装

3. 保护环境

包装具有数量大、寿命短的特点，70% 以上的商品包装为一次性用品，被消费者开启或使用后即废弃，由此带来了巨大的资源浪费与环境污染问题。据统计，我国城市生活垃圾里有 1/3 属于包装垃圾，占全部固体废弃物的 50%，年废弃价值高达 4000 亿元。

目前我国 50% 以上的商品都存在过度包装的问题。所谓“过度包装”，是指包装的耗材过多、分量过重、体积过大或成本过高，远远超出产品包装的基本需要。过度包装导致了大量垃圾的产生，但我国的包装垃圾回收利用率却一直没有显著提升。国家发展改革委发布的统计数据表明，在每年数量惊人的包装废弃物中，除纸箱、啤酒瓶、PET 瓶等回收情况稍好外，其他产品包装回收率相当低，整体产品包装的回收率不到 20%。

另外，过度包装还使商品的体积明显增大，价格大幅上升，而包装内容物的剂量和质量并没有发生变化，加重了消费者的负担，并有欺诈消费者的嫌疑。在药品、月饼、酒类等礼品包装领域，过度包装问题尤其突出。

随着各国环境保护立法不断完善与实施，以及设计界环保意识的不断加强，绿色包装设计、可持续包装设计等理念应运而生：在包装设计之初，就应考虑如何减少包装材料和成本，如何重复利用，如何对包装废弃物进行回收处理等问题，将包装对自然环境的损害降到最小；或采用生态材料进行包装，取之于自然，归之于自然。

“Re-pack”来自于意大利一家企业的品牌包装。这家企业把包装环保理念运用到极致，在包装设计时考虑包装盒的重复利用。将瓦楞纸包装盒翻过来，纸盒的内部折叠到外部，再贴上一个“Re-pack”的红色标签，以区分产品的品种，不用再印刷一次包装盒。这一方式可以延长包装盒的使用寿命，倡导人们重复利用包装，也能够减少废弃物，达到环保效果。重复利用的“Re-pack”包装盒如图 1-5 所示。

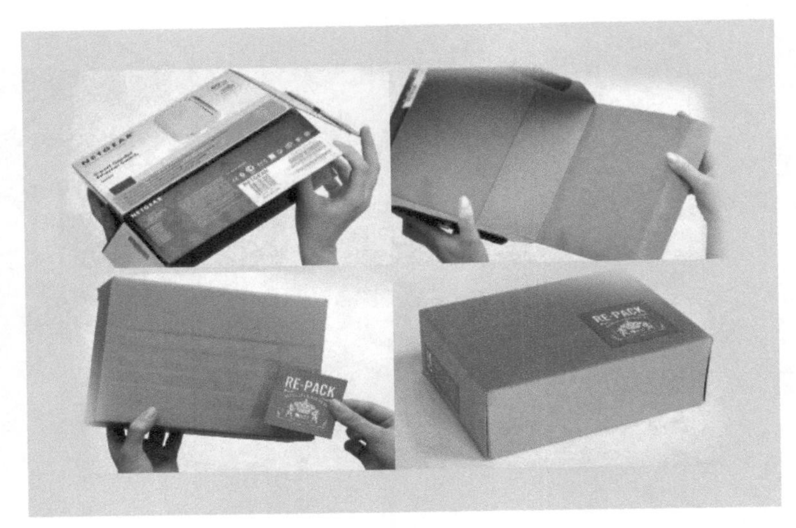

图 1-5 重复利用的“Re-pack”包装盒

1.2.3 便利功能

包装的便利功能主要表现在四个方面：方便生产、方便运输、方便销售、方便携带与使用。

1. 方便生产

对于大批量生产的产品，首先考虑的当然是适销对路的问题，但也应兼顾厂家的资源能力和生产成本，使这两者有机地结合起来。产品包装设计必须考虑到生产上的便利，一定要适合生产工艺过程与流水线操作的要求。

产品包装的方便生产功能具体表现在以下五个方面：①加工工艺简单、易操作；②能够被折叠压平码放、节省空间；③包装的开启、折叠程序便利；④便于回收再利用，以降低成本；⑤另外，由于产品的形状和性质各异，包装设计应考虑用什么包装材料更科学、更经济。

2. 方便运输

方便运输主要指的是产品的外包装（大包装、运输包装）。目前普遍采用瓦楞纸箱作为外包装，因其具有成本低、质轻、抗压、抗冲击、可折叠平铺、节省空间和可回收等众多优点。

运输包装应具有以下基本要求：

1）具有足够的强度、刚度和稳定性。

2）具有防水、防潮、防虫、防腐和防盗等防护能力。

3）包装材料的选用符合经济、安全的要求。

4）包装重量、尺寸、标志和形式等应符合相关国际与国家标准。

5）便于搬运和装卸，能减轻工人劳动强度，使操作安全便利。一般单位包装质量应限于20kg左右。若进行连续装卸，则装卸物体积不宜过大，重量以不超过工人体重的40%为宜。在进行机械装卸时要考虑重量和体积，还要考虑吊装机械与包装件的配合问题。

6）包装尺寸适用于所选定的堆码方式，低于仓储的最大有效高度。

7）符合环保要求等。

运输包装外面通常印有各种标志（见图1-6），其主要作用是在储运过程中识别货物，进行合理操作。按其用途不同可分为运输标志、指示性标志、警告性标志、重量体积标志和产地标志。运输包装应反映被包装产品的名称、数量、规格、颜色，以及整体包装的体积、毛重、净重、厂名、厂址及储运中的注意事项等，这样既有利于产品的分配调拨、清点计数，也有利于储运，提高产品经济效益。

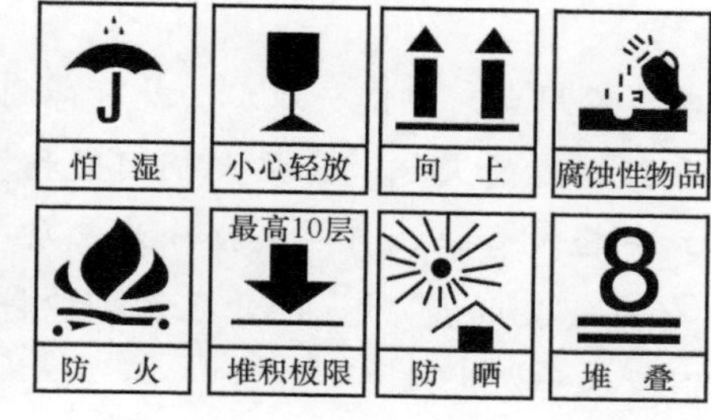

图1-6　运输包装及标志

3. 方便销售

方便销售主要指的是产品的销售包装，它是包装设计的重点对象。销售包装的尺寸规格要符合货位空间大小，适用于产品的大量堆叠陈列展示，如开窗式包装、系列包装、成套包装、吊挂式包装等。其中，开窗式包装（见图1-7）的最大特点是可将内部产品直接展示出来，方便消费者挑选，多用于休闲食品；吊挂式包装（见图1-8）成本比较低廉，可节省货位空间，一些体积小的五金件、文具、食品、药品、纺织品等一般多采用这种包装形式。

图1-7　开窗式食品包装

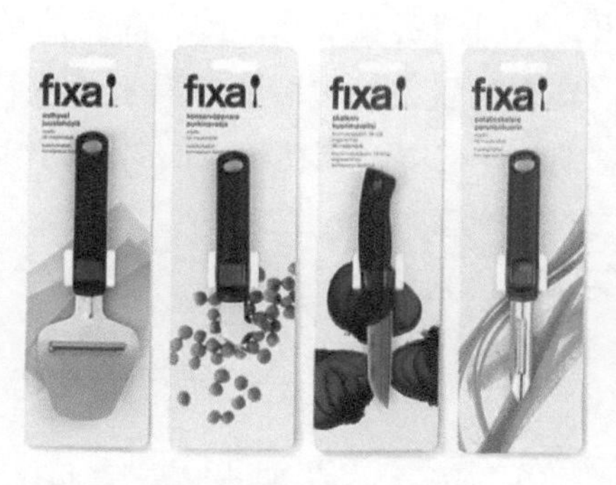

图1-8　吊挂式厨具包装

4. 方便携带与使用

随着现代社会工作生活节奏不断加快，便利性的产品包装越来越受到青睐。如方便携带的手提式包装，方便开启的易拉罐、易撕线、塑料拉链式包装，以及方便食用的微波包装、速冻包装等。若有的产品不能够一次性使用完，则还要考虑到包装的重复开启和密封。

从 2020 年春节开始，一种方便快捷的"自热火锅"（见图 1-9）流行起来，其销售量暴涨并引起无数讨论，各种自热火锅品牌如雨后春笋涌出，有的品牌同比增长将近 400%。超市里曾经被泡面牢牢占据的方便食品货架，迅速被自热火锅、自热饭、自热面抢走半壁江山。

图 1-9　自热火锅包装

不用电，不用火，只需一瓶水，就可得到一"锅"香飘四溢的火锅，自热火锅因便利、美味而受到年轻人青睐。自热火锅分为三层：上层是带有出气孔的盖子，中间层放各种料包，下层则放水和发热包。

包装盒内部有发热包，其主要成分是碳酸钠、焙烧硅藻土、铁粉、铝粉、焦炭粉、活性炭、盐和生石灰。注入冷水，发热包就可以加热到 150℃以上，而蒸汽的温度可达到 200℃，用来蒸煮食物。但是，迅速加热的膨胀过程不仅会产生高温，还会产生大量气体，存在一定的安全隐患。

1.2.4　促销功能

促销功能是包装最为重要的商业功能之一，也是包装设计的核心目的之一。自选商场的大量出现，以及网络购物的井喷式发展，使消费者能够自由地选择自己满意的商品。好的包装设计犹如无声的推销员，使商品在琳琅满目、品种繁多的货物中脱颖而出，吸引消费者眼球，传达商品信息和特色，区别于竞争对手，促进销售。一般来讲，具有吸引力的包装通常具有某些特色，如形态新奇、图形色彩醒目、结构特殊、创意别具一格等，能在较短的时间内给消费者留下深刻的印象。

案例精讲 2

独特结构的彩色铅笔包装设计

图 1-10 所示为 NOMA 彩色铅笔包装，该包装由新加坡设计师 Chen Zhi Liang

专为色彩辨识力不足的人群设计，使用符号编码系统来表示每种颜色。该包装整体结构简洁流畅，露出彩色铅笔的局部，包装的封装采用线绳缠绕，给消费者一种不间断的整体感。包装上使用中性字体，不会使产品被过度修饰，而能突出产品本身。更重要的是，包装除了可以扁平放置之外，还可以当作笔架使用。包装的独特结构还允许消费者将彩色铅笔分成暗色调和明色调。

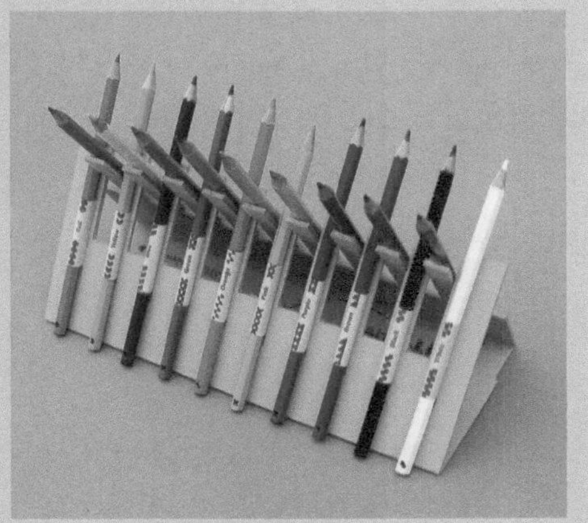

图 1-10　NOMA 彩色铅笔包装

1.3　包装设计的主要任务

包装设计是以商品的保护、使用、促销为目的，将科学、艺术、市场、社会和心理等要素综合起来的专业设计学科。包装设计的主要目的是要帮助被包装商品实现两大功能，即实用功能和促销功能，包装设计者要探究两者优化组合的包装设计规律和方法。

实用功能主要是指包装设计要满足人们的物质需求，科学、经济、合理地运用材料和工艺，使包装能够有效容纳和保护商品，并便于生产、运输、销售和使用。促销功能则指包装设计要满足人们的消费心理需求，美化商品和宣传品牌，突出商品特色，促进商品销售。

包装设计的主要任务包括三个方面：包装造型设计、包装结构设计和包装装潢设计。一个优秀的包装设计是三者的有机统一，除了形式美观、结构新颖外，还要体现足够的创意，才能使商品区别于竞争对手，唤起顾客的购买欲望。另外，包装设计作为一种文化符号载体，它不仅传递着品牌的价值，而且体现着地域性特色，起着传播特色文化的作用。

案例精讲 3

创意鸡蛋包装设计

图 1-11 所示为一款国外创意鸡蛋包装设计，该设计以拟人化的卡通鸡形象，突破现有平淡的鸡蛋包装的局限，夺人眼球！凭借故事的力量，创建视觉叙事，关于有趣和不同寻常品质的鸡。设计师为该鸡蛋品牌设计了 3 个 IP 形象：散养的马埃上校（Captain Mahe），能生出有机鸡蛋的可可女士（Madame Comad），以及在谷仓里喂养的奈莉小姐（Miss Nelly）。通过这种方式，在包装上体现人性化的感觉，并增添鲜艳生动的色彩，为鸡蛋包装带来了更多现代设计感和幽默风趣感！

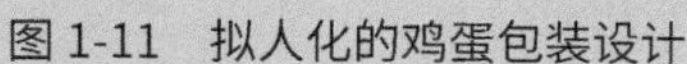
图 1-11　拟人化的鸡蛋包装设计

图 1-12 所示为一款英国的鸡蛋包装设计，获得 2014 年 Pentawards 金奖（Pentawards 是全球首个也是唯一的专注于各种包装设计的竞赛，被誉为包装设计界的奥斯卡奖）。纸浆一体压制成形，体现可持续性的理念。包装上印有正在下蛋的母鸡图像，呈现聪明而机智的英国式幽默风格，使包装鲜活起来，巧妙展现了鸡蛋的新鲜度。这三张母鸡产卵的图像与现有的三种大小不同的鸡蛋相对应，从而更清晰地表现了母鸡产卵的自然过程。

图 1-12　鲜活幽默的鸡蛋包装设计

案例精讲 4

创意大米包装设计

图 1-13 所示的大米包装设计非常有创意，它以一种特殊的方式追根溯源，发掘产品最初始的状态。包装以插秧和收割稻谷时一捆一捆的形状为创作灵感，将包装的图案与捆扎形式巧妙结合，别有新意地展现了农民耕种秧苗和收割稻谷的原生态情景，形象地传达了有机稻米的品质。同时，该包装设计不禁让人联想到“谁知盘中餐，粒粒皆辛苦”的诗句，引发自然朴素的悯农情感，以巧妙隐喻的方式引导消费者珍惜宝贵的粮食。

日本是世界上最讲究包装设计的国家之一，日本包装设计师善于将日本文化中的禅意精髓提炼出来，再融入一些自然、朴素、可爱的元素，最终呈现出来的设计简洁却别有韵味，传达出极致品味。

图 1-14 所示为日本 Riceman 大米包装设计。该包装设计形式新颖巧妙，米袋被设计成头戴斗笠的拟人化形象，其创意出发点是向农民伯伯致敬，并展现有机稻米的品质。米袋为高密度麻布面料，分为短粒米的小袋子和长粒米的高袋子。米袋上寥寥几笔，勾勒出各具表情的农民伯伯形象，生动有趣。米袋头戴亚洲农民常用的

传统圆锥形斗笠，体现了可持续理念，斗笠还可作为盛米装置，内侧标记有刻度，方便量取大米。文字的设计则选择亚洲书法风格，以强调这种谷物的区域起源。

图 1-13　返璞归真的创意大米包装设计

图 1-14　日本 Riceman 大米包装设计

思考练习题

1. 包装的主要功能有哪些？请举出相应的包装设计案例，以解释说明。
2. 包装设计的主要目的和主要任务是什么？

第2章

包装的历史与未来

从远古的原始社会、农耕时代，到古代商业活动的出现，再到商业贸易发达的现代，随着生产的发展、科学技术的进步、贸易物流的发达及文化艺术的发展，包装经历了漫长的演变过程，并不断地发生一次次重大突破。

包装绝不仅仅是商品的外衣，更是一种特殊的文化载体。学习包装的历史，理解包装的形式与当时材料工艺的发展水平、特定的文化习俗是密不可分的，有助于设计师积淀包装设计的文化知识和艺术素养。了解包装在未来的发展趋势，有助于设计师紧跟时代潮流，掌握包装设计的新理念、新材料、新技术和新形式。

2.1 古代的包装

2.1.1 物尽其用的天然包装

原始社会的旧石器时代，人们开始用葛藤捆扎猎物，用植物的叶、贝壳、兽皮等包裹物品。古代的人们因地制宜，就地取材，将自然材料简单加工后利用起来，或干脆不做任何加工就直接利用。用于包裹的材料非常广泛，如藤、草、竹、木、稻草、麻、柳条、玉米皮、葫芦、椰子等。包裹的物品和形式也是多种多样，如荷叶包肉、草绳串蛋、葫芦装酒、竹篓装鱼等。这些传统的天然包裹形式简单朴素，物尽其用，亦不乏奇思妙想，让人拍案叫绝。

直至今日，一些传统的土特产品（如茶叶、粽子等）依然沿袭古老的包装方式。另外，随着包装材料和技术的不断发展，以及当今环保包装理念的兴起，天然材料的包装开始回归到现代商业与生活之中。

1. 柔韧多用的草绳

草是一种绝佳的天然包装材料，用草直接编织或搓绳编织成物品有着悠久的历史。绳子的出现至少可以追溯到数万年前，人类在开始使用最简单工具的时候，便已经会将草或细小的树枝绞合、搓捻成绳子了。人们用搓捻而成的草绳捆绑野兽、缚牢草屋，还编织成草鞋、草帽、蓑衣、草席等生活必需品。草绳具有较好的柔韧性，可起到缓冲作用，可以用于包裹鸡蛋、瓷器等易碎物品。

案例精讲 5

草绳串蛋

“鸡蛋用草串着卖”居“云南十八怪”之首，是延续至今的传统习俗。云南山路崎岖，行走困难，鸡蛋又易碰坏，云南人就创造了“草绳串蛋”（见图 2-1）。先将数根干草的一端拴在一起，呈放射的爪子状，在“爪子”中放进一个鸡蛋，用草横捆一道，相当于用数个手指将鸡蛋握紧。再逐个捆扎包紧，使每个鸡蛋都隔开，拴成一串。所用的干草具有空心圆柱形结构，具有一定弹性和强度，是一种天然的减振缓冲材料，既便于携带，又保护鸡蛋不易被碰坏。

整串鸡蛋的造型与豌豆非常相似，不知道当地人是不是受此启发。通常十个或八个为一串，以串论价出售，以此交易也简单方便。整串鸡蛋可以挂在墙上，取用方便。云南腾冲多热泉，当地的人们就把成串的鸡蛋放进天然热泉水中，煮熟售卖。鸡蛋不仅熟得快，而且吸收了包装草、地热泉水中特有的味道和营养成分，从营养到味道都是锅煮鸡蛋无法与之相比的。

景德镇瓷碗采用的草绳包装（见图 2-2）既柔韧紧凑，又避免了搬运时的碰撞和存放中的破损。民国以前瓷器的包装都很简单，包装方法及所用材料一般因形而异：碗、盘、瓶、盆、罐等，多用葛蔓、草绳、麻绳等直接捆扎；小件陶瓷产品，如汤匙、酒盅、茶杯等，以筐篓盛放，用谷草、稻草、山草衬垫，外面再用草绳扎紧；缸类产品，多为中小套装，缸与缸之间均匀垫草，缸沿之间用草塞牢，然后外套大缸，在中缸口处用粗草绳围捆，缸底衬草以防止滑动。

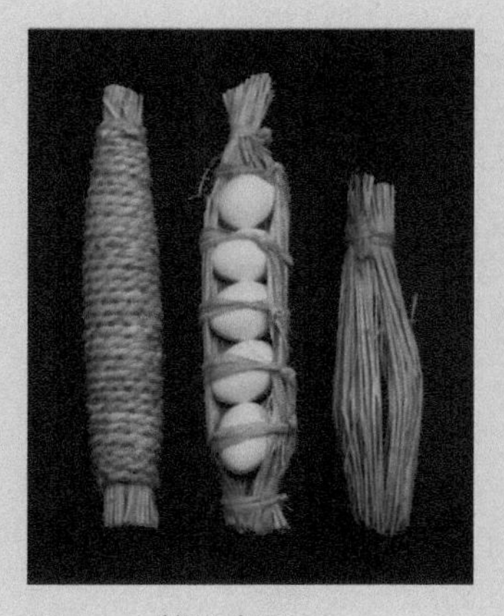

图 2-1 草绳串蛋

图 2-2 草绳包装的景德镇瓷碗

2. 享誉中外的茶

“茶为国饮，发乎神农氏，闻于鲁周公，兴于唐而盛于宋”。用箬叶包装茶饼，然后放入茶焙中存放，是宋代茶叶的包装及储放方法，这种用箬叶包装茶叶的方法一直延续到现在。

20 世纪 60 年代以前，普洱茶采用云南天龙竹、香竹壳作为筒身来包装，此类竹壳较为柔软无刚毛。近年，则采用其他质地较硬、刚毛较多的竹壳替代。这种包装的好处：取材合理，成本极低；材质天然原生态，避免了包装产生的二次污染；竹壳笋皮在透气的前提下，还能遮风挡雨，为普洱茶营造了良好的微环境。所以竹壳包装经久不衰，从诞生之日起，就与普洱茶相伴至今。在云南一带，包裹七子饼茶的材料也是当地生产的竹笋壳，捆绑则采用竹篾及竹皮，颜色与竹箬相仿（见图 2-3）。

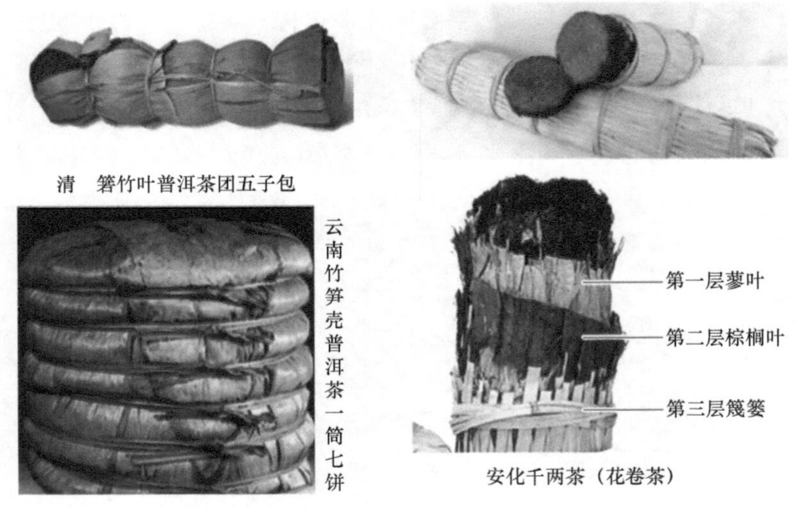

图 2-3　天然材质的茶包装

据史料记载，千两茶最早出现在清朝同治年间，由山西茶商设在安化边江茶行“三和公”号首先创制而成，距今约有 140 多年的历史。“千两茶”以每卷（支）的茶叶净含量合老秤一千两而得名，因其外表的篾篓包装成花格状，又名“花卷茶”。“千两茶”以安化上等黑茶为原料，包装造型较为独特，为圆柱状三层包装（见图 2-3）：茶胎用经过特殊处理的蓼叶包裹，能保持其独特的茶香和色泽；中层衬以棕榈叶，可防水防潮，保护品质；最外层用新鲜楠竹的花格篾片捆压勒紧箍实，以便于长途运输。

3. 香透古今的粽子

端午食粽是从战国时期流传下来的一个民间习俗，传说是为祭奠投江的屈原而发明的，是中国历史上迄今为止文化积淀最深厚的传统食品之一。最初是用竹筒装米投入江中以示祭奠，这就是我国最早的粽子——筒粽的由来。西晋周处《风土记》说，端午节用菰叶裹黍米粟枣，叫作筒粽，也叫“角黍”。明代李时珍《本草纲目》中，清楚地说明用菰叶裹黍米，煮成尖角或棕榈叶形状的食物，所以称“角黍”或“粽”。真正完成从“角黍”到“粽子”的转化过程，大约在明清，这一时代的粽子内容有了本质的变化，糯米取代了原本的黍米，粽子的包裹材料也已从菰叶变革为箬叶，后来又出现用芦苇叶、竹叶、芭蕉叶、荷叶包的粽子。

由于地域不同，我国南北方采用的包裹粽子的叶子有很大的差别。南方常用箬叶包裹，北方常用芦苇叶包裹，体现了因地制宜、就地取材的思想。粽子的形态也各不相同，有三角锥形、斜四角形、秤锤形、菱角形、长方形、枕头形和特异形等（见图 2-4）。粽子捆扎线的材质和样式也多种多样，已成为一种独特的文化符号。这种风俗从古至今，从中国传到朝鲜、日本及东南亚诸国。

图 2-4　我国不同地区形态各异的粽子

4. 吉祥寓意的葫芦

葫芦在我国栽培历史悠久，距今已有 7000 多年。葫芦在古代称作瓠（hù）、匏（páo）或壶，俗称“葫芦瓜”。最早的文字——甲骨文中已经出现了“壶”字，呈葫芦形。《国风 · 豳风 · 七月》中“七月食瓜，八月断壶”，指的就是盛药的葫芦，即“药葫芦”。葫芦的用途非常广泛，除了食用外，还可被制成各种容器用来盛水、酒、药、粮食、鸣虫等，还可制成乐器和火器。

自唐代以来，葫芦因谐音“福禄”，为民间所喜爱，葫芦瓶遂成为传统器形。至明代嘉靖时，因皇帝好黄老之道，此器尤为盛行并多有变化。从元代起，出现了八方葫芦瓶、上圆下方葫芦瓶及扁腹葫芦瓶等各式葫芦瓶。明清两代，葫芦瓶大量烧造，器形也有较多变化，有方形、圆形、蕴涵天圆地方之意的上圆下方和多棱形等许多品种（见图 2-5 ~ 图 2-7）。

图 2-5　明嘉靖 · 黄地红彩缠枝莲纹葫芦瓶 · 故宫博物院藏

图 2-6　明宣德 · 青花扁腹绶带葫芦瓶（抱月瓶、宝月瓶）· 天津博物馆藏

图 2-7　清乾隆 · 茶叶末地描金云蝠转心葫芦瓶 · 台北故宫博物院藏

葫芦瓶以其优美的造型传承至今，成为众多中外设计师喜爱的设计元素。中外设计师结合现代包装的材料、工艺及审美要求，设计出新颖别致的葫芦瓶，如经典的芬达饮料瓶（见图 2-8）、日本八海山清酒瓶（见图 2-9）。

图 2-8 芬达饮料瓶

图 2-9 日本八海山清酒瓶

5. 技道合一的竹编

李约瑟（英国近代生物化学家、科学技术史专家、汉学家）在其著的《中国科学技术史》中指出：没有哪一种植物比竹类更具有中国景观的特色，没有哪一种植物像竹类一样在中国历代艺术和技术中占据如此重要的地位。

古人称竹“不刚不柔，非草非木”，兼备了形而下的器物之用和形而上的精神品质。我国古人在实践中，发现竹子干脆利落，开裂性强，富有弹性和韧性，而且能编易织，坚固耐用，又可供观赏。于是，竹子便成了当时器皿编制的主要材料，竹编特有的编织结构，以及图案表现出的独特美感，使其成为中国元素重要的标志性工艺之一。

我国的竹编历史悠久。据考古发现，早在新石器时代已有竹编的筐、篮等用来存放食物。战国时期，竹编工艺的雏形便开始形成，出现了方格纹、米字纹、回纹和波纹等竹编纹饰，到后来发展得更为精美、细腻。宋元时期，竹编工艺水平又得到提高，元宵节时的龙灯、花灯、舞龙已十分盛行，龙头和龙身的骨架便是用竹篾编造的。明清时期，竹编艺人逐渐增多，竹编工艺达到高峰。清代及民国初期的竹编容器如图 2-10 所示。

中国台湾地处温带、亚热带之间，既生长温带散生单株型竹子，也生长亚热带联株丛林型竹子。一些少数民族与竹子有着不解之缘：他们吃的是竹笋，戴的是竹笠，穿的是竹鞋，坐的是竹凳，住的是竹屋；其劳动工具中，也多有竹制品，如渔具、农具、猎具等。日本占领时期，又受日本竹文化的影响，形成了独特的竹文化底蕴，编织技巧也有所提高。中国台湾竹编艺术（见图 2-11）拥有自己的优良传统和浓厚的地方特色，在世界竹编艺术领域享有盛名。

图 2-10　清代及民国初期的竹编容器

图 2-11　享有盛誉的中国台湾竹编艺术

2.1.2　形式与功能完美统一的容器

我国早在距今五六千年前的原始社会后期就出现了商业活动，春秋时期手工业的发展推动了商业的繁荣，形成了临淄、邯郸、宛、陶等商业中心。由于生产力的发展，剩余产品越来越多，交易活动发展起来，由近及远，逐步扩大。各种产品不仅需要就地盛装，就近转移，还需要经过包装捆扎送往远方的集市。那些容易受损变质的产品，尤其需要保护功能良好的包装容器来保证远距离运输和交易的顺利进行。这样，仅靠那些从自然界直接取材于动植物的原始包装，已不能满足商业需要，于是人们创造出了陶器、青铜器、漆器、瓷器等人造器物，可谓巧夺天工，翻开了人类文明的一个又一个新篇章，融汇成光辉灿烂的古代文化艺术宝库。

1. 古朴灵动的陶器

女娲捏土造人是中国最古老的创世神话，古人则用泥土创造了人类文明的曙光——陶器。陶器的发明是人类文明发展的重要标志，是人类第一次利用天然物，按照自己的意志，创造出一种崭新的东西。它揭开了人类利用自然、改造自然的新篇章，具有重大的划时代意义。陶器的出现标志着新石器时代的开端，陶器的发明也大大改善了人类的生活条件，为人类发展开辟了新纪元。

我国是世界上最早使用陶器的国家，其时间大约为两万年前。到新石器时期，陶器的种类多达数十种，用途广泛，有存贮用的瓮、罐、尊、盆，蒸煮用的鼎、甑（zèng）、甗（yǎn）、鬶（guī）、鬲（lì），饮食用的碗、盘、杯、钵、壶、瓶，还有丧葬用的瓮棺、庆典用的陶鼓及各种陶塑。

当陶器的制作日趋成熟，古人就不再满足于仅仅实现陶器的实用功能，而是用自己的审美观念，把在长期劳动实践中对生活的观察、体验，乃至自身感受到的运动、均衡、重复、强弱等节奏感用画笔在陶器的表面绘制出来，创造出世界文化的瑰宝——“彩陶”（见图 2-12)。

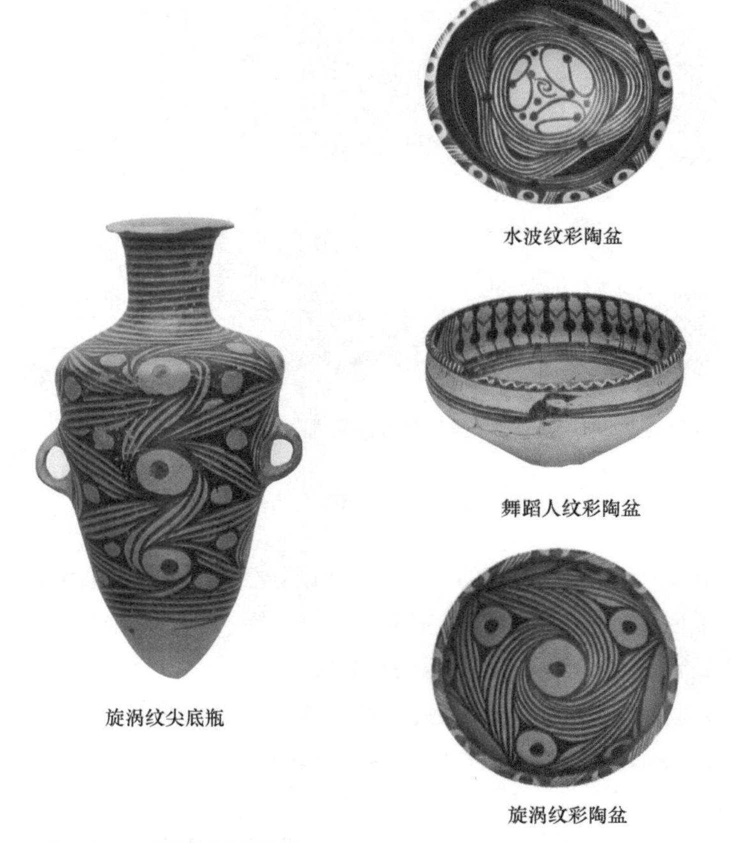

图 2-12　马家窑彩陶艺术

彩陶是在打磨光滑的橙红色陶坯上，以天然矿物质原料彩绘，然后入窑烧制。烧制成形的彩陶呈现出赭红、黑、白多种颜色的图案，其画面多为动物、植物，以及变化多样的几何图形。彩陶器形在完善功能的基础上，造型样式千变万化，装饰技巧高超，创造了异常丰富的纹饰图案，艺术效果让人叹为观止。

在中国的传统艺术中，彩陶是最早将图案与器物造型完美结合的原始艺术作品。绘制彩陶时，古人非常注重图案与器形、视角的关系，并已注意到了图案在不同视角中产生的视觉效果，绘制设计出了无论从哪个角度，无论是正平视还是俯视，都可以看到的完美画面，并力求达到图案的构成与器形相协调的效果。根据器形的不同，其装饰部位及图案花纹也不同。线条画得规整流畅，图案的组织讲究对称均衡、疏密得体、虚实变化，并有一定的程式和规则。运用色彩对视觉的冲击力，古人高超地展现出了他们对虚与实、黑与红、简与繁、抽象与具象的艺术表现能力，为世人留下了一大批璀璨夺目的艺术精品。

总体来看，我国的彩陶纹样（见图 2-13）按形式大体分为四类。

图 2-13　丰富多彩的彩陶纹样

葫芦纹

蛙纹

万字纹

图 2-13　丰富多彩的彩陶纹样（续）

（1）几何纹　以点、直线、弧线构成的几何纹，有锯齿纹、波浪纹、菱格纹、三角纹、网纹、圆圈纹等。形状美观而富有韵律，数量最多。这既是早期陶器中编织物纹印及渔网、水涡、树叶等图案的延续和变化，也是人们内心音乐涌动和视觉的表现。

马家窑彩陶对旋涡纹、波浪纹、圆圈纹等的运用已到了登峰造极的地步，产生优美的韵律和强烈的动感，视觉艺术令人震撼。其中，旋涡纹是结构最复杂、最完美、最典型的几何纹饰之一。例如，陇西吕家坪采集的尖底瓶，需用三个涡纹的中心圆点作为定位点，然后再以圆点为中心，向四周引出弧线，构成连续的旋涡纹。

（2）植物纹　植物纹的数量较多，如叶瓣纹、豆荚纹、花卉纹、葫芦纹和种子纹。其中以源于关中地区的“圆点勾叶弧三角”纹，即玫瑰（或月季）花纹标志性最强、流传最广，大半个中国的彩陶文化皆使用类似图案。

（3）动物纹和人纹　常见的动物纹有鱼纹、鸟纹、蛙纹和蝌蚪纹等。动物纹还包括极少猛禽异兽纹，此类纹饰数量不多，但极具特色，给人过目不忘的深刻印象。最令人称奇的是，神秘的人面纹与鱼纹巧妙地组合在一起。人纹还有舞蹈人纹、变体人纹等。无论是植物纹、动物纹还是人纹饰，都是对自然界中动植物形象的抽象化和艺术化，形神兼备，显示了彩陶艺术写心写意的高超水平。

（4）吉祥寓意的纹饰　回形纹、万字纹（“卍”）、山字纹、八卦形纹等，还有一些意义不明的、神秘而怪异的纹饰，可能反映着当时人类精神层面的某种信仰、崇拜、认识和生活习俗等，有待学者做进一步研究和解释。

2. 巧夺天工的瓷器

瓷器是中国人发明的，这是举世公认的。经过科学考证，一般认为，我国商周时期已能制造原始瓷器，春秋战国到两汉是原始青瓷到成熟青瓷的过渡时期，到东汉晚期出现了成熟瓷器。瓷器的出现要比陶器晚得多，这是由它的化学成分和烧制温度等要求相对较高所决定的。烧制瓷器必须同时具备三个条件：①制瓷原料必须是富含石英和绢云母等矿物质的瓷石、瓷土或高岭土；②烧成温度必须在 1200℃以上；③在器表施有高温下烧成的釉面。

唐代是中国瓷器发展的第一个高峰期，形成北方邢窑白瓷“类银类雪”、南方越窑青瓷“类玉类冰”的格局，史称“南青北白”。三彩陶器、黑釉、雪花釉、纹胎釉及釉下彩瓷也尽显风采。

唐三彩是一种盛行于唐代的陶器，以黄、褐、绿为基本釉色（见图 2-14）。现存的传世和出土的唐三彩器物可以分成两大类。

1）雕塑器类。陪葬的明器，建筑物中有楼阁、庭院、假山，牲畜中有马、骆驼、牛、羊、猪、狗、兔，人物形象中有僮仆、武士、天王、舞乐伎等。其中以人物俑、动物俑的数量最多，而且形象鲜明，栩栩如生。

2）圆琢器类。生活用具中有瓶、壶、盘、钵、碗、灯、枕、烛台，文房用具中有水注、水盂、砚台等，可说是一应俱全，无所不包。

唐三彩凤首壶
陕西历史博物馆藏

唐三彩刻花盘
法国吉美博物馆藏

唐三彩带盖三足炉

图 2-14　唐三彩珍品

唐三彩再现了唐代社会生活风貌，被誉为唐代社会的“百科全书”，外国的波斯三彩、伊斯兰三彩、新罗三彩、奈良三彩等，以及我国的辽三彩、宋三彩、明三彩、清三彩等都深受其影响。

相传唐代还有一种专供皇室使用的“秘色瓷”，采用秘密配方烧制，美轮美奂。有诗为证，唐代诗人陆龟蒙有一首名为《秘色越器》的诗：“九秋风露越窑开，夺得千峰翠色来。好向中宵盛沆瀣，共嵇中散斗遗杯。”五代时有一位诗人徐夤也曾作诗《贡馀秘色茶盏》赞叹秘色瓷：“捩翠融青瑞色新，陶成先得贡吾君。巧剜明月染春水，轻旋薄冰盛绿云。古镜破苔当席上，嫩荷涵露别江濆。中山竹叶醅初发，多病那堪中十分。”由于实物失传，秘色瓷显得更加神秘，直到 1987 年陕西扶风县法门寺唐代塔倒塌，在地宫中发现的 16 件瓷器被认为是秘色瓷（见图 2-15），至此揭开了秘色瓷千年的神秘面纱。

五代　秘色瓷莲花碗
唐　秘色瓷荷花托盏
唐　秘色瓷碗
唐　秘色瓷八棱净水瓶
唐　秘色瓷天鹅笔洗

图 2-15　秘色瓷珍品

宋代是中国瓷器得到空前发展的时期，并已开始对欧洲及南洋（明清时期对东南亚一带的称呼）诸国大量输出。瓷窑遍及南北各地，名窑迭出，品类繁多，除青、白两大瓷系外，黑釉、青白釉和彩绘瓷纷纷兴起，以钧、汝、官、哥、定为代表的众多各有特色的名窑在全国兴起，产品在色彩、品种上日趋丰富（见图 2-16）。

官窑琮式瓶

哥窑弦纹瓶

钧窑月白釉出戟尊

汝窑双耳衔环瓶

图 2-16　宋代瓷器珍品

官窑粉青鬲式炉

定窑绿釉盖罐

钧窑鼓钉三足洗

汝窑天青镂空熏炉

图 2-16　宋代瓷器珍品（续）

元代在景德镇设“浮梁瓷局”统理窑务，发明了瓷石加高岭土的二元配方，烧制出大型瓷器，并成功地烧制出典型的元青花、釉里红及枢府瓷等。尤其是元青花的烧制成功，在中国陶瓷史上具有划时代的意义。青花瓷釉质透明如水，胎体质薄轻巧，洁白的瓷体上敷以蓝色纹饰，素雅清新，充满生机（见图 2-17）。与青花瓷并称“四大名瓷”的还有青花玲珑瓷、粉彩瓷和颜色釉瓷。另外，还有雕塑瓷、薄胎瓷、五彩胎瓷等，均精美非常，各有特色。

元　青花缠枝石榴花盏托

元　青花荷鹭双耳罐

元　昭君出塞图青花罐

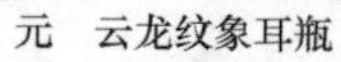
元　云龙纹象耳瓶

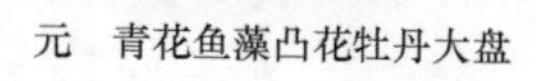
元　青花鱼藻凸花牡丹大盘

元　青花缠枝莲花杂宝纹蒙古包

图 2-17　元代青花瓷器珍品

明清时期，从制坯、装饰、施釉到烧成，在技术上又都超过前代，进入瓷器的黄金时期。釉下彩瓷、釉上彩瓷及各式颜色的釉瓷器，以其独特的艺术魅力，得到世界各国人们的喜爱。明代宣德时期的宝石红（宣德宝烧）成为中国古代瓷器中最为名贵的珍罕品种，清代康熙时期的素三彩、五彩，雍正、乾隆时期的粉彩、珐琅彩都是闻名中外的精品（见图 2-18）。

明 宣德红釉莲瓣壶

明 宣德宝石红僧帽壶

清 康熙御制胭脂红地珐琅彩千叶莲纹碗

清 康熙素三彩镂空锦地梅花寿字纹香熏

清 乾隆粉彩开光花鸟双连瓶

清 乾隆黄釉粉彩八卦如意转心套瓶

图 2-18 明清时期瓷器珍品

3. 精美的玻璃容器

玻璃容器的历史非常悠久，在四大包装材料中，玻璃是最早出现的。早在约公元前 3000 年，古埃及就形成了比较发达的玻璃制造业且产生了精美的玻璃艺术。玻璃在古埃及是比金银还要珍贵的东西，工匠用玻璃制成玻璃杯、雕像、首饰及家具镶嵌饰物。玻璃容器之所以能被早期的人类制造出来，主要是因为它的基础材料在自然界中非常容易获得，如石灰石、苏打、硅土或沙子，这些材料通过高温加热熔融在一起时，就形成了液态玻璃，可被铸模成形。

公元 1 世纪，古罗马成为玻璃制造业的中心。古罗马人发明了吹制技术，用长约 1.5m 空心铁管的一端从熔炉中蘸取玻璃液（挑料），再通过另一端的吹嘴将空气注入熔融态玻璃中，形成玻璃气泡，最后使其冷却成形。通过该技术，工匠能够制作形状、质地及颜色独特新颖的玻璃制品，同时也降低了制造成本，玻璃器皿开始逐渐走进普通人的日常生活。古罗马的玻璃器皿造型十分丰富，装饰方法主要有三种：①铸造法，即器物与纹饰直接模铸成形；②热熔镶嵌法，即马赛克玻璃；③浮雕法，即一种写实性或装饰性图案的工艺，使玻璃器皿更显华丽。

图 2-19 所示为古罗马波特兰花瓶（Portland Vase），是现存最精美的古罗马宝石玻璃制品之一，制作于公元 1 世纪初，现藏于伦敦大英博物馆。

在深蓝色玻璃瓶上饰以白色浮雕，高贵典雅。画面由两组浮雕组成，故事反映的是古希腊的神话传说，两组浮雕中的女主人据说是海神的女儿忒提斯，第一组浮雕的青年男子是阿尔戈英雄、人间国王珀琉斯。

图 2-19　古罗马波特兰花瓶

直到 12 世纪，商品玻璃才出现，并开始成为工业材料。13 世纪，伴随着文艺复兴，威尼斯成为西方世界的玻璃制造中心，以珐琅彩绘式的玻璃器皿为特色。15 世纪末，以彩绘为装饰的玻璃器皿逐渐被透明度较高的玻璃器皿所取代，这种玻璃器皿造型优美，表面光洁，器壁薄，色彩自然而变化丰富，充分发挥了玻璃器皿自身材料和工艺的性能。16 世纪，酒瓶开始用玻璃制造，但价格比较昂贵且易碎，当时酒的包装以皮革、瓷罐为主。

直到 17 世纪，被誉为“近代酒瓶之父”的肯莱姆 · 迪戈比爵士改进了玻璃酒瓶的制作工艺，他所制作的玻璃酒瓶更加厚重和结实，价格也更便宜。这种玻璃酒瓶当时在英国被视为一种时尚，从而带动欧洲葡萄酒生产国使用了大量的玻璃器皿。玻璃酒瓶因其高贵优雅的质感、瓶形的多样性，以及装饰性的显著优势，被人们逐渐开始用于盛装葡萄酒，而取代了传统的木桶，极大地方便了运输并促进了销售，至此，玻璃才被广泛用作商业包装来生产酒瓶。

初时的酒瓶为球形，后来陆续演变为气球形、洋葱形、圆柱形等多种形状。随着工业革命的蓬勃发展，玻璃生产技术得到了改进，1821 年英国人发明机械制瓶机后，酒瓶才演变至现今的形状（见图 2-20）。

图 2-20　玻璃酒瓶形状的演变

2.1.3　商业促销包装的雏形——标记标贴

促进商品销售是包装最为重要的功能之一。包装只有与商业紧密结合在一起，才成为真正意义上的包装。包装与陶瓷器皿等传统容器及一般的物品容器有着显著区别，表现在其从属性和商品性。包装是商品的附属品，是与内在商品一体进行销售的，是实现商品价值和使用价值的一个重要手段。

商业发展带来了商业竞争，商人为了维护自家商品的信誉而促成了标记、标贴等促销包装形式的出现和发展。目前发现最早的商业标签是古罗马帝国时代用于装酒的双耳尖底瓶的印章或标记，用于标明产地、生产者和生产时间。

中国现存最早的一份印刷广告是宋代（960—1279年）济南刘家功夫针铺广告，它也是一张包装纸，四寸见方，铜版印刷（见图2-21）。广告正中有店铺标记——白兔捣药图，并注明“认门前白兔儿为记”；下方是广告语“收买上等钢条，造功夫细针。不误宅院使用，客转兴贩，别有加饶，请记白”。它是集包装纸、传单、招贴三位于一体的设计形式，具有浓厚的商业色彩。

图2-21 宋代白兔商标广告与包装纸

我国发现最早商业标签的使用，是1964年在陕西咸阳及后来在河南长葛市出土的西汉铁器，许多铁器上面铸有“川”字，“川”指颍川阳城（今河南登封市告成镇）。另外，在北京郊区大葆台西汉古墓出土的文物中，有的铁斧上面铸有“渔”字，“渔”指渔阳郡（今北京市密云区）。

2.2 近现代的包装

2.2.1 20世纪之前的包装

自16世纪以来，由于工业生产的迅速发展，以陶瓷、玻璃、木材、金属等为主要材料的包装工业开始发展。18世纪末到19世纪初的工业革命带来了生产力的极大发展，推动了包装工业的发展，从而为现代包装工业和包装科技的产生和建立奠定了基础。进入19世纪，包装工业开始全面发展，传统包装开始向现代包装转变。在整个转变的过程中，技术的发展起到了推动性作用。

1800年机制木箱出现；1803年制纸机产生，标志着纸张的生产从此进入机械化批量生产的时代；1810年金属罐保存食品的方法被发明；1814年英国出现了第一台长网造纸机；1818年镀锡金属罐出现；1856年美国发明了瓦楞纸；1860年欧洲制成制袋机，同年发明了彩色印铁技术；1868年美国发明了第一种合成塑料袋“赛璐珞”；1879年美国公司设计制造出模压折叠纸盒包装；1890年美国铁路货物运输委员会开始承认“瓦楞纸箱”正式作为运输包装。

在19世纪初期，杂货商人在零售中经常给食品掺假或短斤少两，因而常常引起民愤。一个名叫约翰·霍尼曼的厂商，将混合茶在出厂时就包装好，并在包装上印上他的名字和厂址，避免了上述问题的发生。厂家直接包装的出现可以说是商业中的一场革命，它奏响了现代商业的序曲。

19世纪50年代，随着石版套印技术的问世，出现了彩色印刷的葡萄酒标签，并且印刷质量得到了保证。葡萄酒的标签其实具有双重作用：通过对标签的严格管理，一方面可以控制葡萄酒的品质，另一方面也让消费者通过标签很容易地就能辨别葡萄酒的原产地、类别、品质、年份、酒精含量和容量等重要信息（见图2-22）。

图 2-22　19 世纪后期波尔多地区的葡萄酒标签

随着商品经济的发展、商品的丰富，以及市场交易的迅速扩大，包装开始成为商品流通中的重要环节。作为销售媒介和以引导消费为目的的包装设计，被赋予了新的使命。廉价彩印技术的出现又使得简陋的纸盒、铁盒变得丰富多彩起来（见图 2-23），极大地推动了包装设计行业广泛和快速的发展。

图 2-23　19 世纪欧洲的铁制罐头盒

在 19 世纪 80 年代以后，品牌产品开始出现。当时，厂家或公司大都以厂名或公司名作为产品的名称，而一些烟草公司则首批实施了这项创新。例如，威尔斯为他们的香烟列出了许多富有浪漫色彩和异国情调的名称，诸如“甜蜜花儿”“主教之火”等。目前全球知名度最高的茶叶品牌之一——“立顿”也是在这一时期创立的。此后，厂家开始注重以包装画面的形式来润饰品牌，以增强人们对品牌的信赖感。商品包装已具有许多现代包装的特征。

2.2.2　20 世纪至今的包装

20 世纪初，玻璃纸的发明标志着塑料时代的到来。1911 年英国正式开始生产玻璃纸。1927 年聚乙烯被发现，1930 年应用于包装。塑料用作包装材料是现代包装技术发展的重要标志。对于设计师来说，这种材料赋予包装造型永无止境的创造力，使包装容器由硬质发展到软质，为创新提供了广阔的空间。对于消费者来说，塑料包装使商品变得更廉价，各式各样的造型和可挤压的特性使他们感受到愉悦和便利。

第一次世界大战中，由于战争需要，各国开始用马口铁罐包装制造的大量罐头，促进了金属包装的快速发展。第二次世界大战前后，军事工业推动包装工业的发展，出现了机制纸、聚乙烯、铝箔、玻璃纸四大基本包装材料。

20 世纪 50 年代，超级市场在世界范围内得到普及，迅速取代了传统的杂货店，对包装业产生了巨大影响。包装成为一个“无声推销员”，这就要求包装设计集中在品牌的辨识上（扩大商标的名字或标志），以及观众熟悉的色彩上。包装设计的理念由此发生了重大转变，从以保护商品安全流通、方便储运为主的传统包装理念，向以美化商品、促进销售为主的现代包装理念快速发展。系列化包装开始大量涌现并迅速普及，成为企业品牌战略的重要组成部分。

箭牌口香糖采用了较为完善的系列化包装设计方法，三种口味的产品用红、蓝、绿三种颜色进行了区分，并伴有POP（Point Of Purchase，销售点）包装进行销售（见图2-24）。

图2-24　箭牌口香糖系列包装（1912年）

20世纪中后期开始，国际贸易飞速发展，包装已为世界各国所重视，大约90%的商品需经过不同程度、不同类型的包装，包装已成为商品生产和流通过程中不可缺少的重要环节。电子技术、激光技术、微波技术广泛应用于包装工业，包装设计实现了计算机辅助设计（CAD，Computer Aided Design），包装生产也实现了机械化与自动化生产。

20世纪60年代以后，人们开始提出可回收再利用的课题。但是随着新材料的出现，无法处理的包装垃圾越来越多，玻璃瓶、纸和纸盒、铝箔等可回收再利用包装形态又重新得到开发。公益性文字开始出现在各类包装画面上，如“杜绝毒品”“注意环境的整洁”“吸烟有害健康”等。

20世纪80年代以后，包装已成为人们生活中不可缺少的部分。各国开始加强对包装的管理，相关规定也日趋严格、规范，越来越多的设计师开始意识到了包装设计对环境保护所具有的重大意义。

2.3　未来的包装

2.3.1　绿色包装

商品的包装之所以被有些人称作“垃圾文化”，就是因为它造成了大量污染环境的垃圾。人们的忧患意识促进了“环保型”的包装及包装替代材料的研制开发，废旧包装的回收利用也得到了发展，并形成了新的产业。1972 年联合国发表《联合国人类环境会议宣言》，拉开了世界绿色革命的序幕。对于包装界而言，绿色包装（Green Package）是 20 世纪最大、最震撼人心的包装革命。

“绿色包装”又可以称为“无公害包装”和“环境友好包装”（Environment-friendly Package），指对生态环境和人类健康无害，能重复使用和再生，符合可持续发展的包装。

绿色包装是未来包装的一个重要发展趋势，可通过如下几个途径实现：①简化包装，节约材料，既降低了成本、减少浪费，又减轻了环境污染，更主要的是树立了企业的良好形象，拉近了与消费者的距离；②包装重复使用或回收再生，如在日本兴起了多功能包装，这种包装用过之后，可以制成展销陈列架、储存柜等，实现了包装的再利用；③开发可分解、降解的包装材料，目前已开发研制出多种可降解塑料，如有的塑料包装能够在被弃埋入土壤后，成为土壤中微生物的食物，在很短时间内化为腐殖质。

案例精讲 6

巧思妙想的绿色包装

图 2-25 所示为一款国外的简易鸡蛋包装设计，设计师的目标是设计一个使用少量材料的创新包装。它由两个三棱锥体的瓦楞纸盒组成，形成上下倒扣而中部悬空的特殊结构，包装中部用纸带连接并固定。鸡蛋放入瓦楞纸的椭圆形切口，可翻转包装的上半部分来取放鸡蛋。

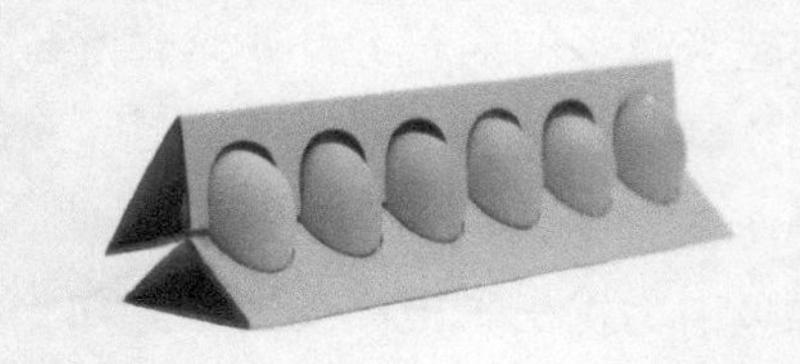

图 2-25　国外简易鸡蛋包装设计

图 2-26 所示为成套茶具包装设计，是 2018 意大利 A’设计大奖赛包装类获奖作品，巧妙体现了绿色包装设计理念。茶具为一套五件，嵌套在一起，最大化地节约了空间；包装主体是再生纸浆一体压制成形的，呈现粗糙的质感；上下盖子与罐体扣合，呈现金属质感，表面有肌理；包装外面有一圈彩色布带缠绕，与茶杯上的图案呼应，既作为装饰要素，又便于手提携带。纸浆罐体还可作为花盆重复使用，在怡然品茶的同时，感受绿植的清新养眼，赏心悦目。

图 2-26 便携式成套茶具包装设计

2.3.2 便利包装

随着现代工作和生活节奏的逐步加快，时间和效率成为最重要的因素，消费者越来越青睐那些省时、清洁、能够为生活带来最大便利的包装产品。便利包装成为一个重要的市场增长点，一款包装的重量、易打开程度、携带的便利性等，都会影响消费者做出的购买决定。

随着越来越多的消费者开始选择外带食品和饮料，产品包装的便利性也就成了外带食品和饮料吸引消费者的一个法宝。据调查，有 41% 的美国人和 38% 的澳大利亚人会在开车或走路的时候喝饮料。因此，移动饮食的日益流行对产品包装的便利性、可见度和吸引力提出了更高的要求。而小包装饮料产品易于储存，节省空间，也便于携带，多件包装则意味着多功能。小包装和多件包装符合移动饮食的流行趋势，逐渐成为时尚，“小包装革命”已经蔓延至各个年龄段的消费者群体，而且涉及多种饮料产品。

“可再封包装”又称为“可重复密封包装”，是近几年刚刚兴起的一种新型包装形式。可再封包装既方便使用，又可适度保鲜。最近的一项市场调研结果表明，消费者对于可再封包装的需求贯穿在生活的方方面面，其中奶粉、果汁等冲饮品的需求占 25%，糖果、坚果、麦片等休闲食品的需求占 23%，面包、麦片等早餐谷物食品的需求占 15%，并且 90% 以上的消费者并不介意为商品配上拉链所增加的成本买单，最重要的是包装能够为消费者带来真正的便利。

案例精讲 7

外卖食品的便利包装设计

Wagamama 是在欧洲市场很流行的日式拉面连锁品牌。原来的外卖包装独立分散，既没有视觉统一，又不便于携带。为了让消费者在家里也能享受如餐厅用餐一般的体验，Wagamama 做了一次全新升级，整个外卖套装看起来像是复制了餐厅内的黑色圆状碗，可将其堆叠，最大化地节省了空间，且便于携带。外部是纸板包装，内里有一个木筷插槽，纸板上部印有餐厅的外卖菜单（见图 2-27）。白底红字，搭配黑色的塑料碗，与餐厅品牌风格契合。直接将菜单印在外包装上的做法，也避免了许多卖家单独将纸质菜单夹入外卖中，递送给消费者的麻烦。除了餐盒，Wagamama 还重塑了外卖袋和果汁瓶的包装，并将餐厅的标识以最简明的形式置于其间，赋予了整套外卖产品醒目且统一的视觉体验。

图 2-27　Wagamama 外卖套装

图 2-28 所示为法国 Lateral 餐厅的 Printemps 外卖包装设计。该包装像是高档礼盒，呈现极具艺术化的设计风格，带有浪漫的情调。淡粉色的外观设计，配有向日葵、野果插画，整体风格浓烈而不失清雅。中空的外卖包装提取其中的轮廓元素设计，并根据外卖数量的不同以盒型大小进行区分，在贯彻环保理念的同时增加包装趣味。封面还有可穿插餐具的设计，在丰富视觉的同时进一步体现环保的概念。

图 2-28 法国 Lateral 餐厅的 Printemps 外卖包装设计

2.3.3 情趣化、个性化包装

当今社会已进入个性化的时代，通过消费彰显个性，已经成为众多消费者的需求，而年轻人和时尚人群的个性化需求尤为强烈。现代包装设计也逐渐由功能性、实用性向以视觉要素整合为中心的个性化、情趣化方向发展。

情趣化主要表现为情感化和趣味化两大趋势。情趣化包装的表现形式或高雅含蓄，或诙谐幽默，或天真烂漫，或暗藏智慧。通过包装的造型、结构、色彩、图文、材料等设计语言，赋予包装个性、情趣和生命，使消费者获得全新体验和高层次心理需求（情感需求和尊重需求）的满足。

案例精讲 8

情趣化包装设计

图 2-29 所示为 Marine 鱼罐头包装设计，该设计打破现有鱼罐头的样式，在一侧添加“鱼鳍”，情趣化十足。通过对产品中每条鱼的特征和样貌进行设计，罐身表面设计成鱼鳞的质感，分别搭配相应特征的颜色，鱼鳍的形状和颜色与鱼的种类一致，增强包装的趣味性和识别性，使 Marine 鱼罐头从同类产品中脱颖而出，强有力地吸引消费者的目光，并便于消费者选购鱼罐头的种类。

图 2-30 所示为 Color Eat 果酱包装设计，其设计师的包装理念是以画家的调色盘为基础的，孩子们最爱玩，把他们平时吃果酱的过程变成一项有趣的活动，让这些小艺术家的想象力在土司片这块“画布”上肆意挥洒。这些美味的果酱（草

莓、无花果、南瓜、桃子和菲油果）就像“彩色的颜料”一样，勺子则是“画笔”。有了这种包装，吃果酱就成了一件有创造力的艺术任务，是一项令人兴奋的日常仪式。

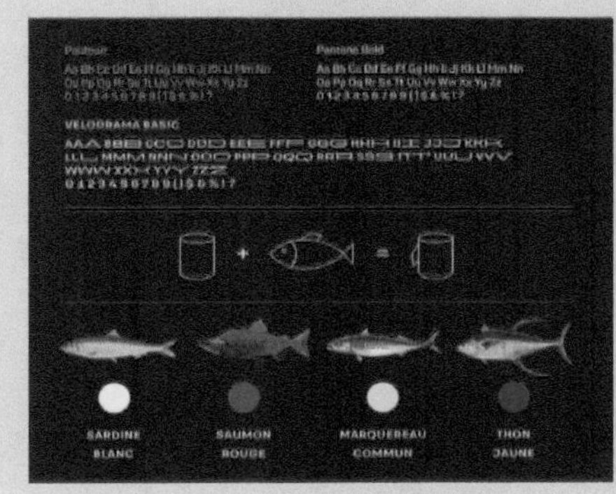

图 2-29　Marine 鱼罐头包装

调色盘的设计使这五个小罐子果酱都很容易被拿住。每个罐子里都正好有推荐孩子们每天从果酱中摄入的所需糖分。该产品的名字 Color Eat 和品牌宣传十分简约、直接，展现出了包装设计趣味理念。

图 2-30　形似调色盘的 Color Eat 果酱包装设计

消费者购买一种商品时，更多的是在购买一种服务。除了通过包装的装潢设计、造型设计增强趣味性和个性外，还可以考虑为消费者带来独特的使用体验。交互式包装以其结构上的别具一格，带给消费者别出心裁的感受，在加深记忆点后，会使消费者渐渐形成品牌意识，从而吸引更多的消费者。例如，祛痘药片交互性包装设计（见图 2-31），铝板上印着长着痘痘的卡通人脸，想要拿出药片，就必须把痘痘挤破。既有使用的情趣性，又带有一定的心理暗示，暗含着药到病除，吃下药片后痘痘就治好了的含义，可适当抚慰并缓解消费者焦躁的情绪。

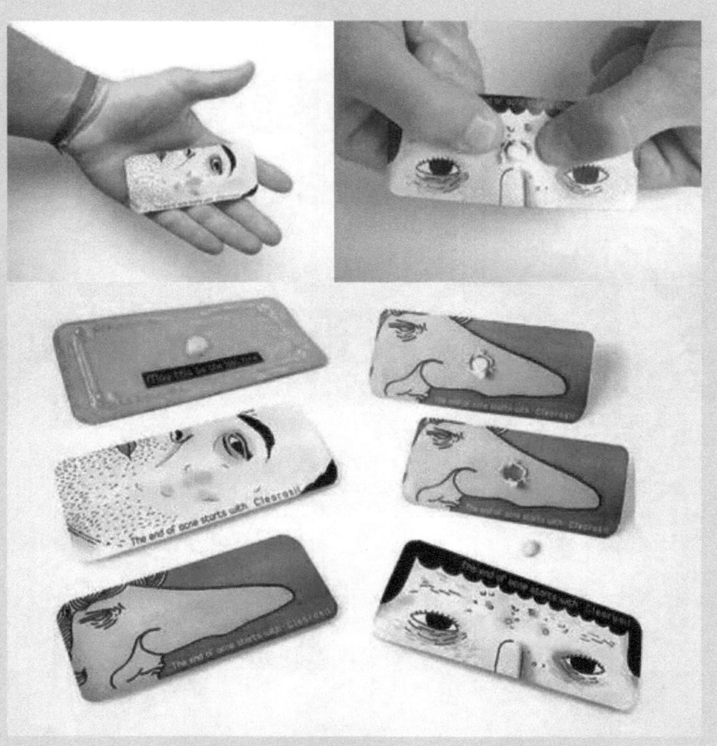

图 2-31　祛痘药片交互性包装设计

2.3.4　活性和智能包装

近年来，由新技术引领的活性和智能包装正在迅速崛起。为了保证食品安全，确保消费者不误食变质食品，科学家研究出一些能指示食品是否变质的新型包装技术及延长食品保鲜期的包装技术，这些技术统称“活性包装技术”或“智能包装技术”。

食品和饮料目前是活性和智能包装最大的两个市场，因为许多公司认识到，让消费者明白提供给他们的食品新鲜无比，其潜在的商业利益是巨大的，饮料同理，因此它们的需求占到了市场总需求的一半以上。美国的市场研究公司 Freedonia Group 研究发现，在美国对于智能包装和活性包装的需求，将保持 8% 的年增长速度。

1. 活性包装

“活性包装”（Active Packaging），是指在包装袋内加入各种气体吸收剂和释放剂，以除去过多的二氧化碳、乙烯及水汽，及时补充氧气，使包装袋内维持适用于水果蔬菜贮藏保鲜的适宜气体环境。会呼吸的活性包装的作用机理如图 2-32 所示。

由于活性材料包装具有显示食品安全的功能，因此许多公司正在以多种形式合作研究这种“活性包装”（见图2-33）。食品包装研究人员发现：有些包装材料可以吸收包装袋中的氧；有些包装材料会与食物变质时产生的气体相互作用，改变颜色；有些包装材料在温度变化时会改变颜色等。如果用合适的材料包装食品，就有利于延缓食品的氧化变质，或为消费者提供更多有关食品是否安全的信息。

活性包装开发已近40年，主要是日本、澳大利亚和美国开发较早，这些国家已经在市场上使用近20年。采用活性包装的食品，便于消费者有针对性地选择且不易购买到变质的食品，同时还可以避免因食品变质要求退货而造成的纠纷。另外，在全球食物浪费严重的今天，活性包装也能够有效减少浪费。

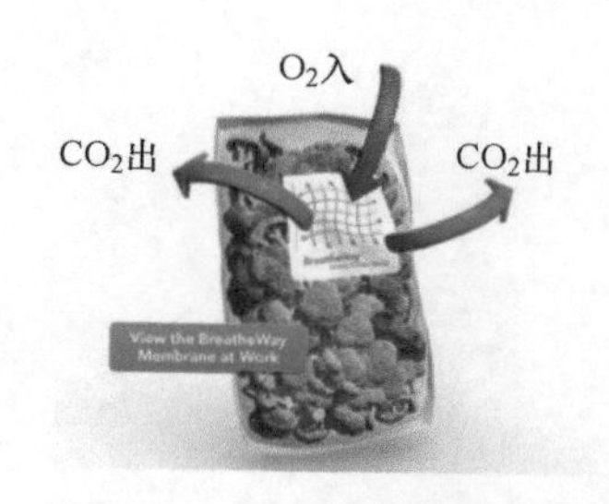

图2-32　会呼吸的活性包装的作用机理

图2-33　有新鲜度指示的活性包装

2. 智能包装

“智能包装”（Intelligent Packaging）的特点包括：利用新型的包装材料、结构与形式对商品的质量和流通安全性进行积极干预与保障；利用信息收集、管理、控制与处理技术完成对运输包装系统的优化管理等。目前，智能包装技术在世界各国的应用才刚刚开始，有些技术仍处于实验和研究阶段。智能包装主要分为三类：功能材料型智能包装、功能结构型智能包装和信息型智能包装。

图2-34所示为To-Genkyo推出的智能标签——Fresh Label。随着时间的流逝，该标签上半部分的颜色会变浅，下半部分的颜色会变深，而当下半部分全部变为深色时，则表示肉品过期。

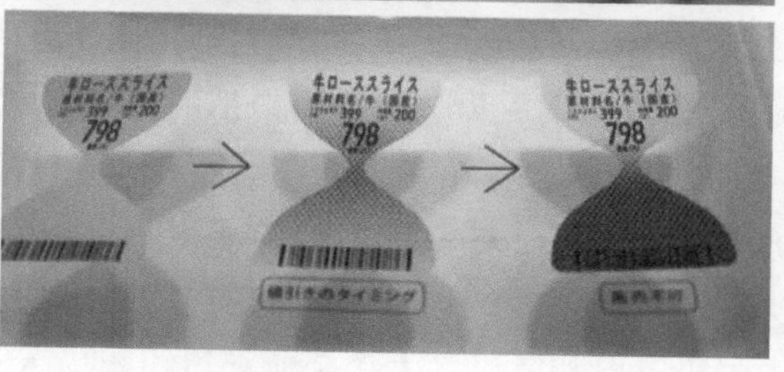

图2-34　智能标签

案例精讲 9

智能鸡蛋包装概念设计

图 2-35 所示的鸡蛋包装设计荣获了第 20 届 PDA 年度概念包装大赛第一名。这个独创而大胆的外包装，提供了一个快速便捷的“煮”鸡蛋的好方法。其结构由外至内：第一层是纸板；第二层是催化剂；第三层是隔离薄膜，将催化剂与里层的智能材料隔离开来；第四层是智能材料。通过外露的“唇部”，将隔离薄膜抽出，催化剂与智能材料之间就会发生化学反应，所产生的热量就足以将鸡蛋“煮”熟了。

图 2-35 智能鸡蛋包装概念设计

3. AR 包装

AR（Augmented Reality）即“增强现实”，在现有的互联网领域已经得以广泛应用。AR 是一种将真实世界信息和虚拟世界信息“无缝”集成的新技术，它把原本在现实世界的一定时间、空间范围内很难体验到的实体信息（如视觉信息、声音、触觉等），模拟仿真后再叠加，将虚拟的信息应用到真实世界，被人类感官所感知，从而达到超越现实的感官体验。真实的环境和虚拟的物体实时地叠加到同一个画面或空间而同时存在。

2016 年 AR 行业实现了跨越式发展，除了可口可乐这种世界级的百年企业外，国内阿里巴巴和腾讯等大型企业都纷纷布局 AR，中小企业方面，如摩艾客非常接地气地将 AR 应用在广告营销领域。通过 AR 技术，更加全面地展示卖点和引爆品牌传播的思路，将会越来越普及。目前 AR 技术营销同质化严重，如何能在搭载技术的基础上，做到内容及形式的差异化呈现，才是取得突破的关键。企业要做的不应是“AR+”，而是“+AR”，加号的前面才是关键。

近年来，在包装设计中的AR运用逐渐兴起，具有以下三大突出特征：

（1）真实世界和虚拟的信息集成　在现在这个快节奏的社会，绝大多数人都不会在一个随处可见的广告包装上过多注目，因此简洁明了、突出标签成了现在包装的主流风格，但那些试图向用户传递更多信息的产品，就必须在包装上舍弃很多。而AR技术则很好地解决了这一问题，它可以让用户在简单产品包装的基础上，自主地选择是否获取更多信息，而那些更多的信息都是虚拟存在的，与现实中真实的信息或物体互补，并且可以像化学反应一样生成更多信息。这样便满足了不同浏览习惯的用户需求，即使是很简单的信息，也可以给用户留下比以前更加深刻的印象。

（2）具有实时交互性　传统的产品包装都是固态的、单向的，通过人们的视觉、听觉、味觉或者触觉来进行产品宣传，AR技术则在包括但不限于这些体感上，加入了意识的引导。那些虚拟信息的生成、变化都是用户本身自主去操控的，是完全以用户为中心的。这种实时的交互性具有游戏般的乐趣，让用户自发地去参与、操作，通过将虚拟的影像叠加到现实的介质中，让信息可以交互，让场景得到延伸。

（3）让信息更有价值　AR技术除了出众的娱乐效果外，更大的贡献在于让信息交互更加便捷智慧，让信息更有价值。产品包装通过AR技术，可以添加更多有用的信息服务，让信息辅助产品的销售。比如说用智能设备扫描一瓶饮料，屏幕上就会出现关于饮料的销售地点、成分、营养价值等，让人快速、准确地获取产品信息。虚拟与现实本身是相悖的两个因素，但二者的结合有着“1+1大于2”的效果。

手机和包装的AR识别方式，能够更好地增强用户互动感，并使产品与用户零距离接触，从而能产生更多的展示形式和互动体验。因此，未来的AR技术会更多地运用在包装设计中，AR的展示形式不单单只是加强产品的互动性，还可扩展到活动和游戏中，与包装设计相结合。

走在广告营销界前沿的可口可乐公司每次总能玩出新花样，在追赶技术潮流的加拿大，可口可乐自然也不会错过AR技术的营销效果。可口可乐现已与全球最大的流媒体音乐平台Spotify合作，利用AR技术设计一款能播放音乐的可乐，为夏天的可乐加点料（见图2-36）。

特殊瓶身的印刷交由著名的AR推广营销公司Blippar负责。用户可从App Store或应用商店下载应用程序。当应用程序对准印有促销标签的可口可乐或雪碧的瓶身时，就可轮流播放Spotify列表上的189首音乐。一旦解锁应用，用户就可以保存该播放列表，同时用户也可以通过扭转瓶身调整音乐播放顺序，对应歌曲的封面也会借由手机端的应用程序显示在瓶身周围，宛如一个可口可乐版的音乐播放器。

图 2-36　应用 AR 技术的可口可乐音乐瓶

思考练习题

1. 从包装的发展历史中，汲取传统设计元素，开展包装创新的头脑风暴。

2. 包装的未来发展趋势有哪些？请收集相应的最新包装设计作品，并加以分析。

第3章 包装设计与市场推广

包装不仅是商品的外衣，还作为商品的“第一印象”刺激并吸引着消费者，同时也是品牌宣传的重要载体之一，有助于提升品牌价值和企业形象。所以包装设计不仅是一种艺术创造活动，还是一种重要的市场营销活动，能称为包装设计大师的人往往是这两方面的专家。

在当前各种类型商品的生产企业和营销者大量增多的大背景下，很多商品之间的个别劳动时间及个别劳动生产的工艺之间的差异已经微乎其微，因此当前同类型商品之间的差距往往体现在与这些商品相关的企业市场营销活动上。越来越多的企业会及时了解消费者的审美偏好，在商品外包装的设计上花费更多的心思，其根本目的在于使企业能够在商品销售和市场营销活动当中获取最大的利益。

3.1　包装设计与市场推广的理念发展

3.1.1　无声的售货员

超级市场的诞生，对于包装设计的影响十分巨大。据说，世界上第一家自选式商店 1916 年出现在美国，克拉伦斯 · 桑德斯将一个连锁式商店改造成自选式商店，命名为“Piggly Wiggly”。从此，以自选商品为特征的超级市场在世界范围内发展起来。上架自选迫使厂商进行全新的商品包装设计，开展在包装、标识等方面的竞争，出现了大中小包装齐全、装潢美观、标识突出的众多品牌，这也使商场显得更整齐、更美观，造就了良好的购物环境。

20 世纪五六十年代，超级市场在世界范围内有了普遍的发展。20 世纪七八十年代，超级市场规模宏大，销售的商品范围广、数量多，一般都在 5000 ~ 20000 种商品之间，这一时期商品包装得到迅速的发展。没有售货员向消费者介绍商品，使得货架上成百上千的同类产品只能靠自身的包装去吸引消费者，打开销路，包装成为“无声的售货员”。

在销售过程中，包装凸显出与消费者之间面对面的、最直接的信息传递功能，包装设计的优劣直接影响着商品的销售。根据德国某包装研究所调查研究，2/3 消费者的购买决定都是在他们站在超市货架前的那一刻做出的。对于货架上陈列的一排排商品来说，包装是最具说服力的销售广告。

3.1.2　CIS 战略下的包装设计

CIS（Corporate Identity System）也称 CI，目前一般译为“企业形象识别系统”，是现代企业走向整体化、形象化和系统管理的一种企业形象战略。1955 年，美国 IBM 公司率先将 CIS 作为一种管理手段纳入企业的改革之中，开展了一系列有别于其他公司的商业设计行动，由此成为世界计算机业的蓝色巨人。之后，克莱斯勒、可口可乐等众多企业纷纷导入CIS，很快树立了品牌，提升了企业形象，在世界各地掀起了CIS的热潮。

日本企业紧随潮流，于20世纪六七十年代引入并发展了CIS。日本企业发展和强化了理念识别，不仅创造了具有自己特色的CIS实践，而且对CIS的理论做出了贡献。至此，国际市场竞争的格局发生了重大的转变，即由20世纪四五十年代的“产品较量”，六七十年代的“产品+销售的较量”，发展到“产品+销售+形象的较量”。

1. CIS

CIS作为一个企业的识别系统，通常又被划分为三个分支，即MIS（Mind Identity System，理念识别系统）、BIS（Behavior Identity System，行为识别系统）和VIS（Visual Identity System，视觉识别系统），如图3-1所示。

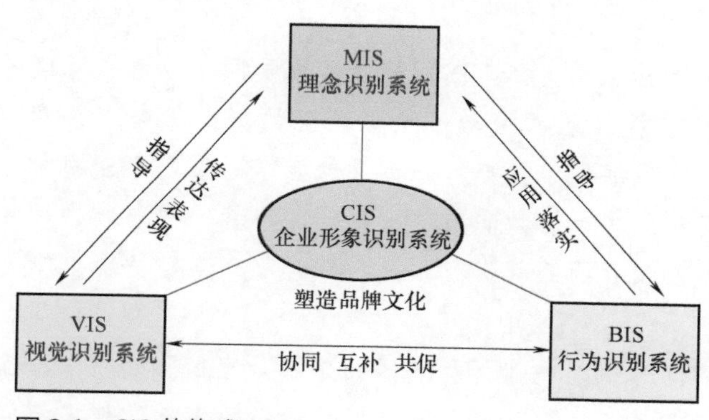

图3-1　CIS的构成

（1）MIS（理念识别系统）　MIS属于形态意识范畴，是CIS的核心和依据，决定了企业的形象个性和内涵，其理念直接关系到企业的发展方向及未来的前途。一般包括企业精神、经营信条、经营战略策略、广告、员工的价值观和社会责任等。

（2）BIS（行为识别系统）　BIS是MIS的动态载体，偏重过程，包括内部行为和外部行为两个部分。内部行为包括组织管理、培训制度、奖惩制度、福利制度、行为规范、文化活动和环境规划等，以增强企业内部的凝聚力；外部行为包括市场推广、产品开发、促销活动、售后服务和公益活动等，以取得社会大众的识别和认同。

（3）VIS（视觉识别系统）　VIS是CIS的静态表现，是MIS视觉化传达的载体，也是最外在、最直接、最具有传播力和感染力的部分，在短期内表现出的作用也最明显。VIS一般包括企业名称、品牌标志、标准字和标准色等核心元素，这些核心元素在不同介质上的运用，如公司内部文具、交通工具、制服、吉祥物、产品包装、建筑外观，以及在不同媒体上发布的各类广告等。

2. 基于CIS的包装设计

到目前为止，很多人主要是把包装设计作为产品的某一部分来看。其实，包装设计还有另一个重要作用，即作为品牌的传播媒体。富有创意的经典包装，已经成为企业提升品牌价值最简单、最有效的方法之一。

CIS 是工业社会转入信息社会的标志之一，它规范并传递着一致的信息，包装设计正需要充分利用这些信息——包括标准化的标志、标准化的辅助图形、标准化的色彩、标准化的字体设计等。特别是在进行系列化包装设计时，CIS 的导入使成组成套的设计，更显系统化、风格化，极大地加强了消费者对于商品和品牌的认知度。当然在保持视觉形象的统一时，也要注意保持一定的变化空间，在共性中又要展现个性，设计出在整体化前提下符合自身特点的个性化包装。

案例精讲 10

可口可乐的 CIS 与经典包装

1970 年可口可乐公司导入 CIS，整合革新了世界各地的可口可乐标志，采用了统一化的识别系统，从而推动了全球企业的经营策略与形象识别的新高潮。可口可乐在全球几乎每几年就会对商标及包装等一系列 CIS 的内容进行修改和更新，以适应不断变化的市场倾向。这种变化保持着一种渐进的尺度，即革新的同时审慎地保留先前积累的品牌资产，使 CIS 的演变路径呈现出优美的过渡，而没有断裂和跳跃。

1886 年可口可乐诞生的时候，瓶子的形状是直筒形的。一方面，这种设计对可口可乐的销售造成了很大不便，因为当时大多数零售商是将瓶装饮料放入装有冰水的大桶里销售的，顾客在购买时得撩起袖子，在冰水中摸索；另一方面，这种设计很容易被仿冒，不能凸显出可口可乐的特色，可口可乐公司感到非常困扰。因此，1900 年可口可乐公司决心重新进行造型设计，但一直没有令人满意的方案。在 1913 年可口可乐公司的创意概念记录中这样写道：“可口可乐的瓶形，必须做到即使是在黑暗中，仅凭手的触摸就可认出来。白天即使仅看到瓶的一个局部，也要让人马上知道这是可口可乐。”

1898 年，鲁特玻璃公司一位年轻的工人亚历山大·山姆森，从约会时女友身穿的紧身连衣裙中得到启发，设计出了一个宛如少女身材的瓶子，并申请了专利。可口可乐公司以 600 万美元的天价买下此专利，经过反复改良之后，于 1915 年正式生产出这种曲线造型的 192mL 玻璃瓶（见图 3-2）。瓶子的中下部是扭纹形的，如同少女穿的条纹裙子，瓶子的中段则圆满丰硕，如同少女的臀部。这种瓶子不仅美观，使用起来还非常安全，易握而不易滑落。另外，由于瓶子中大下小，当它盛装可口可乐时，给人感觉饮料的分量很多。采用山姆森设计的玻璃瓶作为可口可乐的包装以后，可口可乐的销量飞速增长，在两年的时间内，销量翻了一倍。从此，可口可乐开始畅销美国，并迅速风靡世界。当时 600 万美元的天价投入，为可口可乐公司带来了数以亿计的回报。

图3-2 可口可乐包装的进化与品牌推广

时至今日，可口可乐曲线瓶已经问世百年，它始终是世界上最受欢迎的、与其他产品截然不同的、富有创意的产品包装，打动着一代又一代消费者的心。这一经典瓶形已经成为可口可乐品牌的象征，成为其品牌核心资产的重要组成部分。尽管可口可乐公司后来推出了易拉罐、塑料瓶，我们仍然会在这些包装和其他广告媒介上看到这一经典玻璃瓶形的身影，它已经成为一种符号，象征着传世的经典与流行。

3.1.3 整合营销中的包装设计

20世纪70年代后期，CIS热席卷日本的时候，CIS在美国就开始大大降温了。有学者提出：CIS 理论是“从里向外”的思维方式，是从企业的角度出发，而非从消费者的角度出发的，与市场营销管理观念发展的趋势相悖，因而不可避免地带有时代局限性。

整合营销传播理论兴起于商品经济最发达的美国，是一种实战性极强的操作性理论，自 20 世纪 90 年代中期进入我国以来，已经显示出强大的生命力。整合营销的内涵包括：①以消费者为核心，从双向沟通层面上重组企业行为和市场行为；②将企业一切营销和传播活动，如广告、促销、公关、新闻、包装、产品开发，进行一元化的整合重组，以增强品牌诉求的完整性。以此两点为核心，整合营销可以迅速树立产品品牌在消费者心目中的地位，建立产品与消费者长期的密切关系，更有效地达到营销目的。

现代市场营销学中的“5P”理论是指产品（Product）、价格（Price）、渠道（Place）、推广（Promotion）、包装（Package），如图 3-3 所示。它在传统的“4P”理论上又增加了包装（Package），主要依据的是世界上知名的化学公司——杜邦公司发明的“杜邦定律”：63% 的消费者是根据商品的包装和装潢进行购买决策的，到超级市场购物的家庭主妇，受精美包装和装潢的吸引，所购物品通常超过她们出门时打算购买数量的 45%。

图 3-3 现代市场营销的 5P 理论

依据整体营销策略，包装设计需要与其他营销手段相配合，在整合中获得最佳市场效果。现代包装设计不再是设计者的自我表现，它必须与商业行为发生关联，必须与所有营销环节相配合。这是因为设计并不是目的，促销才是目的。作为营销中关键一环的包装设计，应把生产力、销售力与市场的机会结合在一起，通过设计传达出明显的商品概念，正确吸引某个消费群体，并产生预期购买行为。而整合营销传播恰为此理念的实现提供了一种有效途径。通常，包装会出现在平面广告、电视广告等推广媒介中，一起宣传产品，打造深入人心的品牌形象。

案例精讲 II

立顿茶的成功之道

“立顿”是全球最大的茶叶品牌。立顿之所以能够取得今天世界性的卓越成就，最主要的是它以创新产品开拓全球市场，长期聚焦于经营红茶包，并围绕红茶包建立了行销全世界的整合营销模式。立顿的成功之道，可以概括为四个主要方面。

（1）提供以茶叶拼配技术为支撑、以茶包为载体的优质产品（Product+Package）

立顿于1983年创立，是世界上第一家销售包装茶的生产商，也是茶叶拼配技术的领导者。其独特的袋泡包装设计，不仅大大简化了泡茶的烦琐程序，为消费者提供了一种更为简单和舒适的饮茶方式，还通过包装设计（比如有名的立顿黄牌精选包装、立顿乐活的透明立体三角茶包，见图3-4）为商品融入更多的地域文化元素，让人们感觉到喝立顿时喝到的不仅仅是茶，而是享受一种贵族生活方式，并感受到纯正的英国传统文化。

图3-4　立顿茶的经典包装

立顿依靠茶叶拼配技术和包装创新给茶业领域带来了真正的革命，颠覆了传统的饮茶传统，根本上解决了传统茶饮消费冲泡时间长、冲泡程序复杂、茶渣不易处理、喝到茶渣不雅等弊端，在彻底解决茶叶作为商品必备的标准化和大规模生产问题的同时，也保持了茶叶的优良品质。正是这些问题，在基础层面上阻碍了当今中国茶业原茶产品的全国、全球品牌化发展。

（2）大众化的价格激发年轻人的茶叶消费（Price）

卓越拼配技术支持下的茶包工业化大生产降低了产品的成本，支持了大众化的价格。在中国销售的立顿黄牌精选红茶，每袋只需要0.4元，每克只需0.2元，价格非常大众化，一般的消费者都能接受。不同于传统的创新产品和大众化价格激发了追求时尚健康的年轻人消费，这些人可能以前根本就不怎么喝茶，是立顿把他们的需求开发出来了。立顿进入年轻人饮茶的蓝海，促进了立顿红茶的销售。

（3）以现代渠道为主的分销体系为消费者的选购提供便利（Place）

由于茶叶本身的特点、茶叶消费的习惯和现代渠道进入的门槛，当前中国茶叶消费的主渠道仍然是茶叶市场和茶叶专卖店，这已成了阻碍品牌扩张的一大问题，因为品牌的扩张需要大规模零售渠道相匹配。但立顿茶包的产品创新从根本上解决了这个问题，就像普通的快速消费品一样，立顿可以在任何渠道销售，而对产品品质没有影响。

要建立世界性品牌，渠道网络尤为重要。1972年，立顿借助联合利华这个全球性跨国消费品公司的营销网络和资金实力，开始了更为强势的世界级品牌打造之路。立顿红茶在销售到各国的过程中，从来不叙述茶叶的文化、历史，甚至也不解释茶叶的饮用方法，而是借助网站为立顿的购买者提供方便。网站在立意上以一种人人都熟悉的超市食品货架为背景，以饮食为切入点，定位于居家过日子的普通民众，创意新颖、视觉形象生动、感召力强，在网络营销策略上独具特色。

（4）以市场为导向，而非以产品为导向，以出色的营销策略吸引目标消费者（Promotion）

国内95%以上的茶企都是“慢销”型的，问题就在于它们是按茶叶本身的分类和区域特点来销售的，而不是以市场消费者的需求差异来营销的，而85%以上的消费者都不能区别茶叶的等级和好坏。反观立顿，立顿从根本上弱化了茶叶的原产地和品种概念，以目标市场为导向，把各种茶的品种细分成不同的产品品类，不断创造出新的口味和丰富用户体验。

瞄准消费者方便快速地喝一杯茶的需求，立顿吸引了大量年轻人和办公室白领。在官方网站上，立顿在动态的茶园中放上几段幽默的视频，向消费者告知喝茶的益处，如保持体态轻盈、再现青春、净化心灵、摆脱疲劳、延年益寿等。各种不同功能、不同口味的产品可以满足不同年龄、不同需求的消费者。这样就有了明确的市场目标，在营销上便可大做文章，这是国内茶企亟待突破的方面。

3.1.4 跨界合作的包装设计

当今时代，各类设计的边界越来越模糊，传统概念范围内的设计，渐渐难以吸引人们的注意，从而衍生出从平面到立体，从单纯的视觉形式延伸到综合需求的多样性和互动性的形式，从一个领域到另一个领域的身份转换，这样多元化的“跨界”之道。跨界设计（Crossover Design）是指两个及以上不同领域的合作，即“跨界合作”。

跨界设计能够突破传统的概念束缚和传统的思维定式，以新的视角和观念去思考设计，为设计带来多元化的表达和表现形式，扩展更宽阔的设计空间，启发更多的设计灵感，注入更持久的设计活力，从而突出设计的时代特征和丰富的文化内涵。跨界合作的包装设计将成为包装设计新的发展趋势，能为消费者带来新奇的体验。

2018年，中国台湾的瓶装水领导品牌“多喝水”，与日本的字体翻转设计师野村一晟跨界合作，将“才能”二字翻转，设计出超有创意的“才能翻转瓶”，让消费者啧啧称奇。以汉字美学融合创新设计，“多喝水”推出四款神奇的新包装，包括“才能 × 努力”“才能 × 强大”“才能 × 野心”及“才能 × 毅力”（见图 3-5）。

图 3-5　“多喝水”的“才能翻转瓶”

2020 年，自然堂与知名街头潮流艺术家 Trevor Andrew 开启街头艺术风格联合彩妆的新玩法，进行跨界的口红包装设计。以搞怪的涂鸦技法，呈现经典的“红唇”元素，应用于口红的外包装及礼盒（见图 3-6）。涂鸦技法的优势在于充满拟人化的趣味性，结合彩妆这一载体，形成时尚与童趣融合的视觉感受。

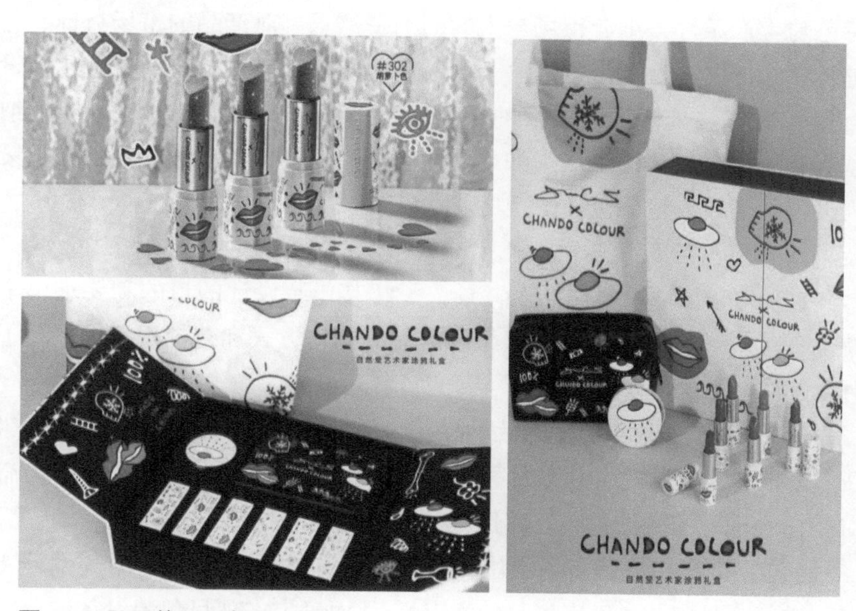

图 3-6　跨界的口红包装设计

3.2　包装设计的流程

包装设计是一项系统性工作，需要有不同阶段的工作目标和工作效应，而且不同阶段之间是环环相扣、紧密联系、步步递进的。缺少了其中任何环节，都有可能影响设计的正确实施与创意的准确体现。

包装设计的流程主要包括四个阶段：包装策划、设计定位、方案设计和样品验证。本节重点讲解与市场营销关系密切的两个环节——包装策划和设计定位。方案设计则是指形成若干具体的包装方案，主要内容包括包装的造型设计、结构设计和装潢设计，其设计方法详见后面章节，这里不再赘述。在确定2~3个较为理想的包装设计方案之后，才能进行样品验证（小规模试生产）和市场试销，并根据市场反馈情况，确定最终的包装，正式大批量投放市场，样品验证在此也不再赘述。

3.3 包装策划

一个商业包装的生命是从拿到订单开始的，然后是设计、生产、包装商品、上架销售等过程，再到使用后的废弃或回收。在这个漫长的生命周期里，设计虽然仅是其中的一小部分，但是却起到了十分关键的作用，对整个包装的生命周期产生影响。因此，在包装设计的初期必须进行总体的包装策划，并形成书面的包装设计策划书。

包装策划，是指对某企业的产品包装或某项包装做开发与改进之前，根据企业的产品特色与生产条件，结合市场与人们的消费需求，对产品的市场目标、包装方式与档次进行整体方向性规划定位的决策活动。包装策划是进行正确有效包装设计的前提，是直接影响包装具体设计成败的重要因素。包装策划阶段的工作越详细、越准确，就越有利于包装设计的开展。如果在此阶段，市场调研不够充分，或是策划定位失误，则很可能会导致整个包装设计功败垂成。

包装策划主要包括以下三个步骤。

1）与委托人沟通。了解委托人背景，了解其包装设计的目的和要求，了解产品本身的特性，了解产品的销售对象，了解产品的销售方式和营销现状，以及了解产品的行业背景等。

2）进行市场调研分析。了解产品所在行业的包装现状和最新发展趋势（如技术、材料、工艺、形式等），掌握主要竞争对手的产品包装情况，对产品的市场需求进行分析，对委托人现有的产品包装及营销现状中存在的问题进行分析。

3）制定包装策略。进行市场定位（确定目标消费群体），并根据其生理、心理及消费特点，进行产品定位（确定产品的卖点），从而确定本项目包装设计的目标、策略和特色。主要的包装策略包括系列化包装策略、便利性包装策略、等级化包装策略、绿色包装策略、文化包装策略和跨界合作的包装策略等。

3.3.1 系列化包装策略

现代市场品牌林立、商品众多，消费者难以记住如此多的品牌名称和外观特征。以商品群为单位的系列化包装设计是创立名牌、吸引消费者和促进销售的强有力手段。系列化包装是企业针对某一品牌的同一种类或不同种类的多种产品，采用一种共性特征（如标识、形态、色彩、文字、图案和构图等）来统一的包装设计，形成一种统一的商品体系和强烈的视觉阵容。通过统一的视觉形式的反复出现，加深消费者对商品的印象，更使消费者直观地感受到品牌的力量。

系列化包装设计的好处在于：既有统一的整体美，又有多样的变化美；上架陈列效果强烈，容易识别和记忆；能缩短设计周期，便于开发商品新品种，方便制版印刷；增强广告宣传效果，强化消费者印象，扩大影响，打造名牌产品。

系列化包装主要分为以下三种类型。

1）同一品牌、不同功能的商品进行成套系列化包装。

2）同一品牌、同一主要功能，但不同辅助功能的系列商品，比如某个品牌的多种洁面乳，其主要功能都是洁面，但辅助功能不同（如美白、补水、控油等）。

3）同一品牌、同一功能，但不同型号、不同配方的系列商品，如不同香型的香水、不同口味的饮料等。

3.3.2 便利性包装策略

为满足商品便于携带和存放、便于开启和重新密封、便于使用等要求而进行的针对性策划和设计，称为便利性包装设计。包装的便利性来自两个方面：①设计，是根本；②加工，是手段。比如在零食的复合塑料袋上切出一个小小的缺口，可谓举手之劳，却可以方便消费者撕开包装；在泡罩包装的背板上划一个十字切口，也能为消费者提供便利。例如，提袋式、拎包式、皮箱式、背包式等包装便于携带，拉环、按钮、拉片、卷开式、撕开式等包装易于开启。

如果设计师能够了解最新的科技进展，就可以与客户协商，在包装加工方面不断引入新的技术，在提供使用便利的同时，还能加强产品的防伪性能。比如有一种激光刻痕技术，已经在软包装上获得应用，它使用激光在复合包装的表面划下一道直线，消费者可以沿着这道直线整齐地撕开包装袋。而传统的塑料袋边缘三角形切口在撕开时会出现不规则的裂痕，甚至使内装物散落一地。由于这种激光刻痕技术具有高科技的特点，小企业很难购买和使用，客观上可以为品牌拥有者提供防伪支持。

案例精讲 12

便利而环保的口香糖包装设计

现有的瓶式口香糖包装普遍在瓶口处有破坏性撕拉条，便于开启，也能够防破坏，但是很少考虑口香糖食用后如何处理，只是在包装上印有类似“用后不要乱扔，保护环境卫生”的提示。图 3-7 所示的口香糖包装设计将便利性和人性化贯穿始终，重点解决了嚼完的口香糖无处可扔的问题，消费者再也不用为遍寻垃圾桶而发愁。

瓶身下端缠绕着多层纸带，可以沿着易撕线，轻松撕下一段纸带，将嚼后的口香糖包起来，然后通过瓶底的十字切口，将纸团轻松塞进去。底盖也可掀开，方便倒出废弃的口香糖，扔到垃圾桶里。该包装设计不仅为消费者提供了便利，同时也以巧妙而体贴的方式，倡导消费者保护环境卫生，而不是用说教式的文字进行提示。

图 3-7 便利而环保的口香糖包装设计

3.3.3 等级化包装策略

企业针对不同层次的消费者需求，制定不同等级的包装策略，来争取各个层次的消费群体，扩大市场份额。一般来说，高收入、高学历的消费者比较注重包装设计品质、制作的精美，而低收入的消费者更注重产品的实用性，偏好简单经济的包装。通常，礼品需要精致的包装，价格较高；若消费者自己使用，则只需简单包装，价格较低。此外，对于不同品质档次的产品，也可采用等级化包装。高档贵重产品，包装精致，体现消费者的身份；中低档产品，包装简略，以减少产品成本（见图 3-8）。

图 3-8 等级化巧克力包装

3.3.4 绿色包装策略

绿色包装策略是指在包装设计之初，就考虑在产品用过之后，包装物可以回收、再利用，以减少对资源的浪费和对环境的污染。可以选择可回收、可再生、可降解的包装材料，也可以通过适当的包装造型与结构设计实现再利用。

包装的再利用，根据目的和用途，基本上可以分为两大类：一类是从回收再利用的角度来讲，如重复利用产品运储周转箱、啤酒瓶、饮料瓶等，可以大幅度降低包装成本，便于商品周转，有利于减少环境污染；另一类是从消费者角度来讲，商品使用后，其包装还有其他用途，以达到变废为宝的目的，而且包装上的企业标识还可以起到继续宣传的效果。

案例精讲 13

聪明的环保鞋包装

图 3-9 所示为一款聪明的环保鞋包装（Clever Little Bag），即采用无纺布袋、可折叠纸板组成的无鞋盒包装。该包装去掉传统鞋盒的顶盖，只保留四个侧面和底板用作支撑骨架，然后套上无纺布袋，并将袋子的把手从侧面预留孔里穿出来。该包装不仅便于携带，而且与常规鞋盒相比节省了 65% 的纸板消耗，省去了多余的印刷，省去了软填充纸，整个包装更轻巧，也节约了运输成本。同时，无纺布袋也可以反复使用，并可回收，能起到宣传品牌的作用，较好地解决了常规鞋盒占用空间的问题。

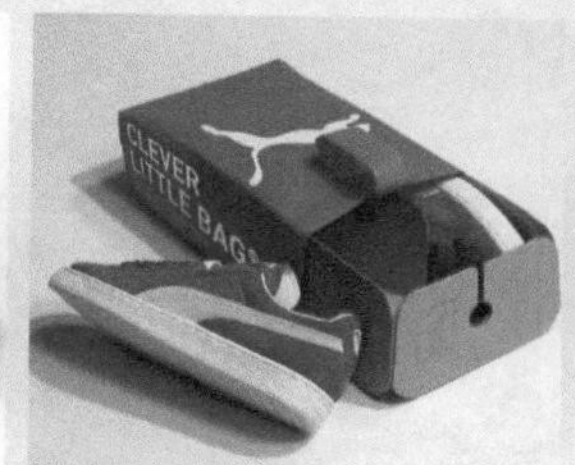
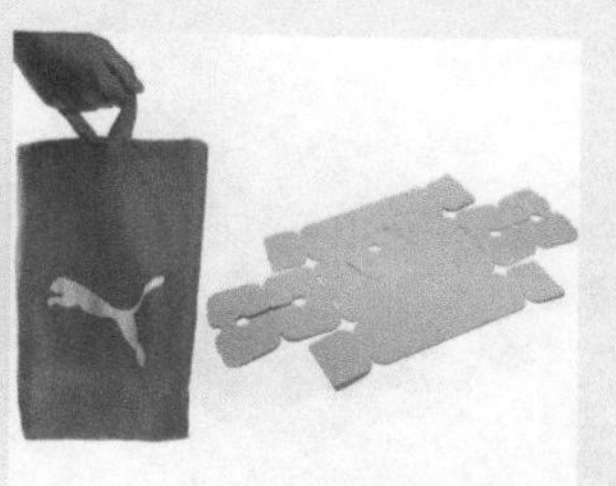

图 3-9　聪明的环保鞋包装

3.3.5 文化包装策略

由于消费观念的变化和消费水平的提高，消费者购买商品不仅是为了满足生活的基本需求，还需要获得精神上的享受。这表现为消费者既要求产品功能多、结实耐用，也要求消费的档次和品位，要求产品能给人以美感和遐想，即“文化味”要浓，能集实用、装饰、艺术、欣赏、情感于一体。

“文化包装”是运用一定的设计符号语言，借由包装向消费大众传递特定的文化理念或表达某种价值观念，使包装具有一定的故事情节、思想内涵或情调意境，从而提升包装设计的品质和商品附加值。在这种策略指导下，包装设计师不仅要把包装作为一个促进商品销售的手段和承载品牌文化的载体，还要把包装作为一个促进文化传承的载体，起到服务大众、文化传播的作用。

现代社会中的商品包装是一种独特的文化，是物化了的文化，而文化则是商品和包装的“魂”。有了“魂”的包装不仅能大大提升商品的档次、品质和品牌价值，还能够潜移默化地影响消费者的主观偏好、商品选择，影响社会的经济观、消费观，甚至能左右消费者对世界、社会、人生的观念。

案例精讲 14

诗情画意的 Citrus Moon 月饼包装

看惯了艳俗喜庆的月饼包装的消费者，Citrus Moon 月饼包装（见图 3-10）绝对让人眼前一亮，进而怦然心动。Citrus Moon 月饼包装涵盖了人文的东方传统和当代美学的生动色彩，包装的外盒上有一个小圆孔，露出抽象的水彩晕染的圆形，恰似一轮明月。当外盒套滑动时，借以尺寸设计，呈现出月亮不同阶段的阴晴圆缺；内盒则是一个衍生的月运周期，每个月饼对应着不同的月相，并配以诗话。该包装以诗情画意的方式，由表及里，将月饼与中秋佳节的文化精髓巧妙契合，传达了传统礼仪与现代美学的精心整合。

图 3-10　Citrus Moon 月饼包装

3.3.6　跨界合作的包装策略

近几年，跨界（Crossover）已经成为国际最潮流的字眼，从东方到西方，品牌与设计师之间的跨界合作风潮愈演愈烈，已成为一种代表新锐生活态度和审美方式的融合。品牌符号之间的相互渗透和融合，给消费者带来“1+1 大于 2”的关于品牌的多重立体感和纵深感。跨界设计将成为艺术设计领域的常态，其不仅是为艺术设计创造复合价值的探索道路，也是一种新的营销策略。

跨界合作通常发生于大体量品牌与小众品牌、极度商业化品牌与设计师品牌、国际品牌与中国本土品牌之间。究其原因，不仅仅是因为前者需要后者的新鲜设计血液和艺术深度，后者可以依托前者的知名度和品牌广度，还是因为品牌协同效应：当单一品牌符号不能完全诠释一种生活方式或呈现一种综合立体的消费体验时，多品牌文化的融合联合无疑给消费者体验为导向的商业策略提供了新的载体，也就是不同品牌的基因及品牌与品牌之间的“化学反应”。

这无疑是一种双赢的新型营销模式。除了考虑设计本身的亮点和先锋气质外，强势品牌在选择跨界合作伙伴时，更多考虑的是合作伙伴的品牌特质和影响潜力。跨界合作基于品牌之间互补性的优势基因，通过对消费心理的立体构建，形成更完整的品牌印象和更具张力的品牌联想。

案例精讲 15

农夫山泉的跨界合作

在国内的瓶装水行业中，农夫山泉是市场占有率较高的品牌。其成功不仅归功于广告和营销方式，还归功于从各个维度不断做出创新尝试，在保持目标消费者对品牌的好感度的同时，加深目标消费者对品牌的认同感。在国内的瓶装水品牌梯队中，农夫山泉的包装设计是比较突出的，无论是高端的玻璃瓶，还是中高端的塑料瓶，在包装设计上都下足了功夫，针对不同的市场定位，呈现不同的设计风格，曾斩获包装设计类最高奖——FAB 最佳作品奖，以及“设计界的奥斯卡”——Pentawards 铂金奖。

2017 年，农夫山泉第一次与网易云音乐联手推出互动性产品“乐瓶”（见图 3-11），并配上文案“每一首歌都是一瓶水，只有喝水的人才知道其中的冷暖滋味”。目的是吸引更多年轻消费者，以期在最具潜力的年轻消费市场占据更大的份额。同时，通过换新装的手段，让老产品迸发出新活力。此外，用网易云音乐 App 扫描瓶身右上角的二维码就可以听到一首完整的歌。如果用网易云音乐 App 的 AR 技术扫描瓶身还可以出现唯美的星空，从而将包装实体设计延伸至虚拟空间。

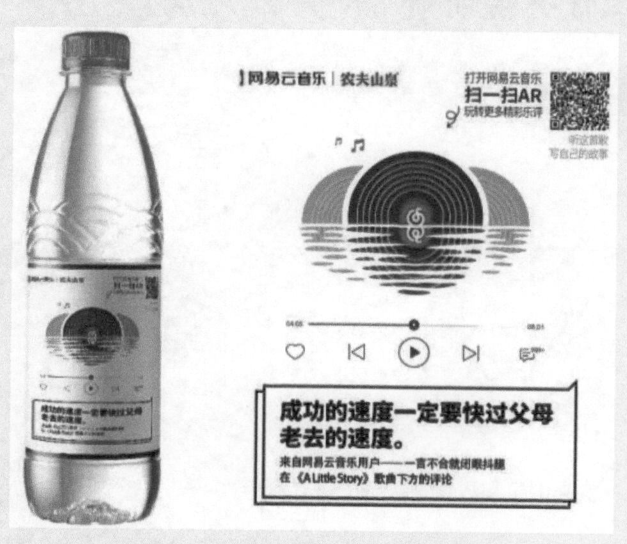

图 3-11　农夫山泉和网易云音乐的跨界合作

近几年，“故宫 IP”（Intellectual Property，知识产权）绝对是中国文化创意产业最炙手可热，也最具有价值的文化资源之一。据不完全统计，故宫文创每年的销售额超过 10 亿元，“故宫 IP”文创产品因为具有深厚的故宫文化内涵、鲜明的时代特点，并贴近于消费者实际需求，因此受到各个年龄段消费者的欢迎，尤其是“80 后”“90 后”乃至“00 后”等年轻族群已成为主流消费人群。

2018 年，农夫山泉携手故宫文化服务中心，推出九款限量版“农夫山泉故宫瓶”。九幅馆藏人物画作，配以现代化的温情解读，让消费者与宫廷中的帝王后妃们“瓶”水相逢（见图 3-12）。文案将古语与现代语言结合，将皇帝和妃子“恶搞”，引起消费者的新奇感和植入感。例如“工作使朕快乐”“朕饿了”“如意如意遂朕心意”“你是朕写不完的诗”“朕只要有你就好”“朕打下的一瓶江山”“本宫是水做的”“本宫天生丽质”“臣妾一直都在皇上身边”等。

故宫，作为中国人的精神图腾，是国家文化内核的具象载体。但长久以来，有关故宫及宫廷文化的传播和解读，都在曲高和寡和娱乐戏说的两极间摇摆，带来了难以逾越的距离感。一直以来缺少的，正是一种用平常世俗的心态去解构故宫人文的视角。基于此，农夫山泉希望以瓶身作为载体，让人们在古画的现代演绎中获得亲切感与共鸣，感知到一瓶瓶真实的“人间烟火”。

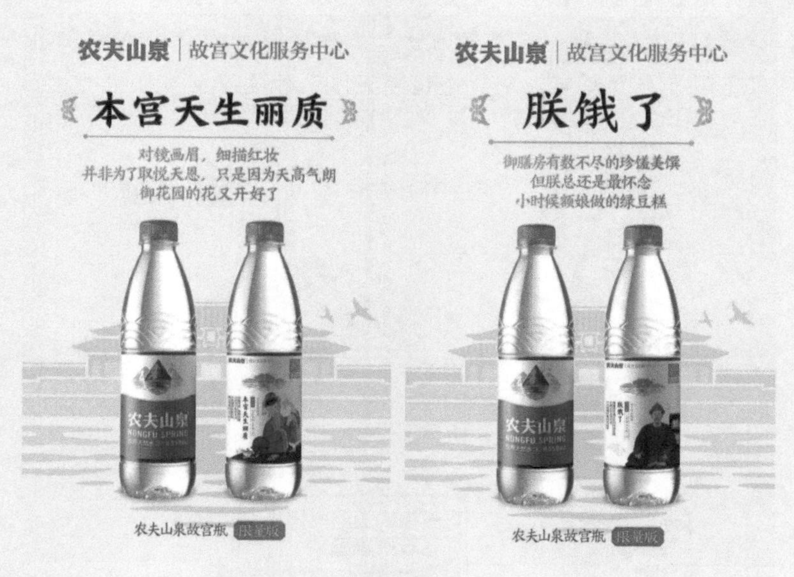

图 3-12 农夫山泉和故宫博物院的跨界合作

3.4　设计定位

任何的包装设计只能针对一部分消费群体，传达商品中一些有价值的和消费者所需求的信息。它不可能面面俱到地传达商品的全部信息，也不可能让所有消费者都感到满意。设计定位就是由此而产生的与设计构思紧密联系的一种方法。设计定位源自国外的 Position Design（定位设计），强调设计的针对性、目的性、功利性，为设计的构思与表现确立主要内容与方向。

设计定位是包装策划的深入和完善，为后面的方案设计明确具体的方向。设计定位的三个基本要素：品牌、产品和消费者。这三个基本要素在包装设计中都是必须体现的内容，问题是每一个基本要素都包含着丰富的信息内容，设计定位的关键在于明确主次关系、确立设计主题与重点。在包装设计中可以强调品牌，可以强调商品的质量和特色，也可以强调特定消费群体，或者突出包装的色彩和装饰图案等。

3.4.1　品牌定位

品牌定位是指包装设计突出商品品牌本身，它向消费者表明“我是谁”。包装是品牌核心资产的物质化身，具有品牌所有的要素，它是品牌的本体。通常，一些知名品牌的产品包装会采用品牌定位的方式来进行设计定位。因为它们已经拥有了响亮的知名度和庞大的忠诚客户群，其品牌名称和标志已经成为品牌的核心资产，具有较高的识别度。包装设计的品牌定位就是通过在包装上突出该品牌的名称、标志和标准色等方式，向消费者传达可靠的品牌形象，促进商品销售，进一步巩固和扩大客户群。

案例精讲 16

突出品牌形象的橄榄油包装设计

Cuac 是一款有机特级初榨橄榄油品牌，原产自西班牙南部的哈恩省。农场坐落在自然公园中，项目的发起人将农场命名为“Finca los Patos”（鸭子的地盘）——因为橄榄树周围的水库里有很多鸭子。橡胶鸭子从最初的概念，最终发展成为品牌的整体形象。看到该产品，就仿佛回到了童年的甜蜜时光，产品还间接体现了产地，向消费者传达了友善并独特的信息。

图 3-13 所示为 Cuac 橄榄油包装设计，该设计获得了 2018 年 Pentawards 金奖。在高端产品线中，对瓶子采用了一种特殊的涂胶方法，让消费者可以更多地回忆起童年的小鸭子玩具，更令人记忆深刻。瓶颈上的标签比较有特点，为鸭嘴的形状，与瓶身上的鸭子图案相映衬，突出品牌形象。产品拥有趣味的、极简的审美

体验，同时也十分环保。

图 3-13　Cuac 橄榄油包装设计

3.4.2　产品定位

包装设计的产品定位是指重点突出产品的形象或特点，表明“卖的是什么产品”。可以直接在包装上突出产品的实物图像，或利用开窗式结构露出里面的产品，使消费者可以直观地了解产品。也可以通过以下的产品定位设计，突出产品卖点，让消费者迅速了解产品的特色、功能、档次和品质等重要信息。

1. 产品的特色定位

通过与同类产品相比较，得出产品的特色，并将其作为包装设计的一个突出点，这对目标消费群体具有直观有效的吸引力。

案例精讲 17

突出产品特色的包装设计

图 3-14 所示为 So Mush Supplement 菌类膳食补充保健品包装。通过模仿菌类的生物体结构，设计出“蘑菇”形的保健品包装，获得 2020 年 Pentawards 银奖。该包装直观地宣传了产品的功能与特色，运用蘑菇的结构形态吸引消费者的眼球。瓶盖为橡木材料，模仿蘑菇的肌理质感，通过对生物表面肌理与质感的设计创造，增强仿生设计产品形态的功能意义和表现力，简单的色调让消费者感知到产品本源的特点，令人产生好感、记忆深刻。

图 3-14　蘑菇形的保健品包装

图 3-15 所示为 Hrum-Hrum 坚果包装。顽皮可爱的小松鼠最擅长收集坚果及种子，藏在口腔内两侧的颊囊里。坚果营养丰富又美味，而且天然健康。小松鼠无论在自然中还是动画片中都随处可见。依据松鼠对坚果的喜爱，以及它们在嘴巴里暂存食物的特点，设计师将这一创意运用到了坚果包装上，布袋装满坚果就像一只嘴巴塞满坚果的小松鼠。该包装可爱生动有趣，具有叙事性，还突出了产品本身是天然无添加的零食的特点，既具实用性又能给消费者带来愉悦。

图 3-15　形似松鼠的坚果包装

2. 产品的产地定位

某些产品的原材料由于产地的不同而产生了品质上的差异，因此突出产地就成了一种品质的保证。例如，葡萄酒、茶叶、咖啡、橄榄油等特产的高端产品都会重点突出其产地信息，通常还配有产地风光的图像来凸显产品的高档品质。

案例精讲 18

葡萄酒文化及包装设计

葡萄酒讲究“七分原料，三分酿造”，葡萄酒品质的好坏与产区直接相关，好酒都用其产地来命名。法国是世界著名的葡萄酒产地，“产区传统”无疑是整个法国葡萄酒体系最大的特色所在。法国法律规定法国葡萄酒分为四个等级：法定产区餐酒（AOC）、优良地区餐酒（VDQS）、地区餐酒（VINS DE PAYS）和日常餐酒（VINS DE TABLE），其中 AOC 是法国葡萄酒的最高级别。法国葡萄酒历史上形成了 10 大主要产区，其下再划分成若干等级的小产区。在上千年的葡萄酒生产过程中，每个产区都逐渐培育出了最适宜本地气候和土壤的几个葡萄品种，并且按照本地的特有配方混合酿造葡萄酒。其中最负盛名的是波尔多（Bordeaux）和勃艮第（Burgundy）地区，堪称全球最佳酿酒区，也是著名葡萄酒品质的标志。

17 世纪中后期，玻璃酒瓶开始取代橡木桶，大量地用于葡萄酒的储存，但受技术所限，瓶身为不规则的球形或葱头形。18 世纪，天然软木塞开始用于葡萄酒的封瓶，玻璃瓶与软木塞的结合是葡萄酒历史上的一个里程碑，葡萄酒从此可以长期储存而不变质。随着工艺技术的不断提高，酒瓶造型逐渐接近今天的细长形制。在葡萄酒瓶的演变过程中，逐渐形成几种按照产区命名的主流瓶形，然后就基本定型，成为全球葡萄酒行业约定俗成的行规，常见的有波尔多瓶、勃艮第瓶、罗讷河谷瓶、香槟瓶和阿尔萨斯 / 摩泽尔瓶（见图 3-16），其中使用最广的是波尔多瓶。

图 3-16　葡萄酒瓶的基本形状

由于葡萄酒酒瓶的形状、颜色已经基本约定俗成，因此最能体现葡萄酒特色的就是其酒标设计了。酒标是葡萄酒的身份证，是影响消费者购买决定的最为重要的因素，通常包含葡萄酒的生产者、品名、酒精含量、容量、葡萄收成年份和产地等文字信息，便于消费者更进一步了解，通常还具有美化视觉效果的图形（见图3-17）。高档的葡萄酒一般会在酒标上突出产区的风光形象、产地、级别、年份等重要信息，并且越来越多的葡萄酒品牌重视酒标的艺术化设计，并将其与外包装完美融合（见图3-18）。有的葡萄酒酒标的设计很有个性，特意与"老派"和"旧世界"葡萄酒酒标相对立，它们上面印有幽默笑话、动物人物、卡通形象，还有的采用绚丽夺目的色彩，以吸引消费者的目光。

图3-17　葡萄酒酒标的一般组成

图3-18　国外精美的葡萄酒包装

3. 产品的功能定位

把产品的功效突出显示在包装上，能够使消费者能够非常直观地感受到产品的功效。通常，药品类的包装设计多采用这种定位方式，有些药物包装还配有作用机理的示意图，向消费者形象地传达药物的专业品质和可信度。

案例精讲19

独辟蹊径的"Help"药品包装设计

图3-19所示的药品包装设计采用了简化的设计理念，对药品的包装进行了大胆的创新（见图3-19）。它打破了药品包装的常见形式，将人体易发的病痛问题印在包装外面，突出"Help"的作用，给予消费者最为快速直接的帮助，使消费者不必看那些难懂的药物成分和专业术语，就能根据自身的症状，很容易地找到对症的药物。包装设计非常简洁干净，不同功效的药品采用不同的颜色，并成组集合放在透明塑料架里，易于识别，方便取放，又节省空间。所采用的包装材料也不是传统的纸盒，而是由玉米制成的塑料盒，可以降解，非常环保。

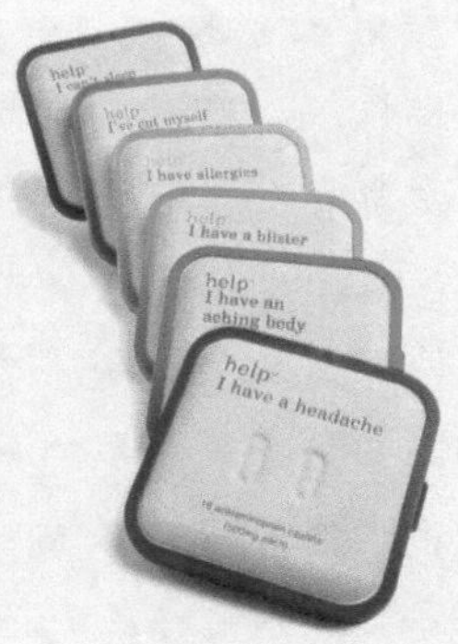

图 3-19 “Help”药品包装设计

3.4.3 消费者定位

在包装设计中一定要清楚产品“卖给谁”。从营销的角度进行包装设计，必须重新认识包装设计是为谁而设计的。包装设计自然是为产品的包装而进行设计，但是产品只是包装设计的客体，而不是主体。主体包括三个组成部分：设计师、客户和最终消费者。市场发展到今天，企业的一切营销活动都应该以最终消费者为核心，包装设计也不例外，设计师与客户的一切分歧都应该统一到最终消费者上来。

1. 地域区别定位

一方水土养一方人，由于地理、气候、经济环境的不同，不同地域的人群在风俗习惯、生活方式、价值观和审美喜好等方面有着明显的差别。包装设计应针对产品投放的市场，进行地域区别定位的设计，以符合目标市场的需求。

案例精讲 20

南北差异的茶叶文化及包装

受地域环境的影响，中国南、北方茶叶市场很明显地体现出了各种茶类的不同销售状态。对茶叶的不同喜好，又形成了如今差异明显的中国南、北方饮茶文化。

对于南方人而言，口渴解腻需要饮茶，人们的休闲娱乐更离不开饮茶，大街小巷随处都能看到茶艺居、茶馆、茶叶店，茶叶更是每个家庭中的必备品。南方人感情细致丰富，对食品比较讲究精致，对茶叶包装总的审美取向也是如此，基本倾向于天然无味质地的。如外包装一般以纸袋最为普遍，内盒内罐质地一般为铁罐或纸盒，而小袋包装已趋向双层化，要求在 -18℃冷冻时不硬化不变味。由于天气热的原因，南方人比较偏爱绿茶，对茶叶天然健康属性较为看重，且茶汤色以绿、黄、黄绿三色最受欢迎。因而无论买者或卖者，均有这种心理暗示，故而绿色基调的包装物颜色较为流行（见图 3-20 左）。

北方人饮茶习惯就要豪放多了，他们爱喝茶，主要是为了解渴或健康，能够细细品茶的人没有南方的多。加上北方天气较冷，喝的茶大都以红茶和花茶为主，喝红茶能够产生热量，让身体暖和，而喝花茶，能够健脾消食。北方人喜欢规格较大的包装，大多喜欢金色或大红色（见图 3-20 右）。另外北方人受限于对茶文化的了解，他们对冲泡和饮用方法格外看重，向其销售的茶叶应当在内、外包装上明显标示冲泡和饮用方法。

图 3-20　南北风格各异的茶叶包装

2. 生活方式区别定位

不同地域、不同文化背景、不同职业阶层的人群，都有其不同的生活方式，这直接导致了消费观念的差异。比如审美的差别、行为方式的差别、对待时尚的态度等，在包装设计中应予以充分重视。

案例精讲 21

中西差异的咖啡文化及包装设计

咖啡是世界三大饮品之一。中国茶的形象宁静淡泊，称喝茶为品；美国可乐的形象热烈奔放，称喝可乐为饮；而咖啡则品与饮兼而有之。咖啡是西方国家人民的日常饮品，有如中国人的茶。西方人采用造型别致的小型咖啡机，加工不同规格、不同品种、不同产地的咖啡豆，自己喝和招待客人。诺贝尔文学奖得主、葡萄牙作家萨拉马戈曾说：“如果生命还有最后一小时，我愿意用来换取一杯咖啡。”这一种情怀不仅源于咖啡精神，还是因为咖啡在西方人日常生活中是无可替代的，它是情感的沟通方式。

在中国，对于大多数人来说，咖啡代表着一种高雅情调，是一个时尚标签。中国人喜欢在咖啡店里坐着，通常边谈生意边喝，或边等人边喝，而在家里不怎么喝咖啡。去咖啡馆里喝价格高昂的咖啡，被一些人看作是身份和地位、时髦和富贵、品质和档次的一种象征。在西方国家，大包装的咖啡比小包装的好卖，而在中国却恰恰相反。据介绍，国际上焙炒咖啡销量占所有咖啡产品销量的80%，速溶咖啡并非主流产品。而在中国市场，由于受咖啡饮用、消费环境的影响，速溶产品销量占了80%~90%。

对于中国普通大众而言，咖啡就是速溶咖啡，通常“3合1”速溶咖啡是中国白领的首选。

好的创意设计能给商品带来非常大的附加值，并最终转化为收入。位于台北的咖啡店“说说咖啡”（Social Cafe），在咖啡包装上玩足新花样，获得了2016年包装设计类红点奖。它采用插画的表现形式，将描绘咖啡店内日常的插画作为主视觉图形。包装盒上暗藏玄机，拨动圆盘外的小纸片，就可以获得完整的一幅图画，通过互动来增强趣味性（见图3-21）。

图3-21　台北“说说咖啡”创意包装

图 3-22 所示的 MOOD 咖啡包装很有特色，形似水杯，外观可旋转，能出现四种有趣的表情，表情越精神代表倒出的分量越多。消费者也可自主选择，跳转到想要的表情，包装设计体贴又富有创意。包装便于储存和携带，且含有速溶咖啡、白糖、生糖和奶粉包，消费者可根据自身的喜好搭配饮用。

图 3-22　国外 MOOD 咖啡包装

3．生理特点定位

消费者因年龄、性别、体质等差异，具有不同的生理特点，对于产品就有不同的需求。例如，化妆品有干性、油性和中性之分，香水具有不同的香型，洗发水针对不同的发质具有不同功效。因此，可以根据目标消费者的生理特点，进行有针对性的包装设计，以此表现出产品的特点。

案例精讲 22

海飞丝与清扬的巅峰对决

1988 年，海飞丝洗发水作为宝洁进入中国市场的先锋队率先吹响号角，带给中国消费者一种全新的洗发理念和消费理念。经过 30 多年的发展，宝洁在洗发水市场越做越大，从集中的策略转向差异化，不再是单一产品打天下，而是推行多品牌的差异化市场细分策略，旗下拥有海飞丝、飘柔、潘婷、沙宣、植感哲学等多个强势品牌（见图 3-23），建立了相当高的品牌忠诚度，在洗发水市场中占据优势地位。

图 3-23　宝洁洗发水品牌架构及产品定位

但是，随着其他企业渐渐崛起，宝洁日渐失去了“塔尖”的地位。中国的洗发水市场由 20 世纪 80 年代的宝洁一家独大，已经转变为如今三大集团三足鼎立的局势，竞争异常激烈。第一集团：宝洁、联合利华，后者拥有力士、清扬、夏士莲三大洗发水品牌，成为宝洁最强有力的对手；第二集团：丝宝集团的舒蕾品牌通过有效的营销手段，避开宝洁的强势风头，从“农村包围城市”，进入洗发水市场的前 3 名；第三集团：好迪、拉芳、亮荘、蒂花之秀等所谓的“广东集团”，近几年在市场中表现活跃，也形成了对宝洁的围攻之势。

在诸多的洗发水概念中，“去屑”堪称最大的一部分，在洗发水市场中，去屑概念的洗发水销量占比高达40%左右。以往几乎所有的洗发水产品，都是适用于大众市场的，老少男女皆宜。而事实上，各类人群的体质不一样，需求也不一样，这就为清扬开拓细分市场留下了机会。2007年4月27日，联合利华旗下的清扬洗发水品牌正式开始在中国上市。当时清扬作为联合利华十年来首次推出的新品牌，旨在弥补、提升联合利华在去屑市场竞争中的不足和短板。

清扬首次明确提出了男、女去屑细分的概念，成为首款专为男士所设计的去屑洗发水，恰到好处地抓住了男性消费者渴望被重视的诉求。由于男性头皮屏障普遍要比女性弱，头皮更易出油，更容易产生头屑，他们对于去屑洗发水的需求比女性更加旺盛。面对强大的海飞丝，清扬在正面作战的同时从侧翼展开攻击，聪明地做了一个“小塘里的大鱼”。同时，清扬还针对调查结果中“重清洗轻滋养”的去屑误区，提出了“头皮护理是去屑关键”的论点，配合广告，意图将自己打造成头皮护理专家的形象。清扬在产品组合、品牌方阵促销、广告宣传、终端陈列等一系列的活动中都采取了针对海飞丝，攻其软肋的市场策略，这使得海飞丝受到了自进入中国市场以来前所未有的挑战。

清扬男士产品的包装为纯蓝色，易于识别，但是其过于简朴的外观包装从一开始就受到了市场的诟病。没有沿袭联合利华惯常的奢华外感、不够大气的清扬一度被消费者视为国内二线品牌（见图3-24）。与此相反的是，宝洁则深谙此道，于2007年8月将全新包装的海飞丝系列产品投放终端，海飞丝套装正式面市（见图3-25）。酷似月牙的流线型设计，瓶身上的一抹粉色飞溅为整个包装增加动感和设计感。洗发水和护发素并置在一起，暗合中国太极的阴阳互补，体现出海飞丝洗发水和护发素一起，有始有终地把秀发护理得更完美的产品理念。同时该包装也承袭了原有海飞丝的白色瓶身、蓝色瓶盖的经典色彩搭配，清爽干净，符合产品去屑功能的心理诉求。海飞丝的圆月弯刀套盒装一经面市，市场一片哗然，设计界多有好评，市场反应和销量提升异常显著。

图3-24　清扬男士系列包装

图3-25　海飞丝洗发水护发素套装

4. 情感定位

包装的情感定位是指赋予包装以个性、情趣和内涵，唤起消费者的情感和联想，满足其心理、情感诉求，甚至引发消费者的共鸣。消费者在购买商品进行决策时，除了理性选择之外，情感因素也起到了举足轻重的作用。“感人心者，莫先乎情”，感情是人类最具有文化意味的东西，最能起到沟通人心灵世界的作用，更是维系人与人之间关系的纽带。现代心理学研究认为，情感因素是人们接收信息渠道的“阀门”，在缺乏必要的“丰富激情”的情况下，理智处于一种休眠状态，不能正常工作，甚至可能产生严重的心理障碍，对周围世界表现为视而不见、听而不闻，只有情感才能叩开人们的心扉，引起注意。

在情感消费时代，很多消费者购买商品所看重的已不是商品数量的多少、质量的好坏及价钱的高低，而是一种感情上的满足、一种心理上的认同。情感营销从消费者的情感需要出发，唤起消费者的情感需求，引导消费者心灵上的共鸣，寓情感于营销之中，让有情的营销赢得无情的竞争。正如可口可乐公司的 J. W. 乔戈斯所言：“你不会发现一个成功的全球品牌，它不表达或不包括一种基本的人类情感。”

案例精讲 23

用文案讲故事的江小白

白酒一直以来都是受中老年人青睐的佳酿，而年轻人更讲时尚，更喜欢随着风潮而动，更容易被感官刺激消费。执着于“用酒讲故事”，江小白可以说是网红酒中的佼佼者，引起年轻人、孤独群体的情感共鸣。正如江小白所言：“每一瓶被喝掉的江小白都承载着一种情绪，每种情绪背后都记录着一个故事。”江小白用酒讲故事的背后，是对消费者的深度洞察，也是品牌营造的独享孤独的营销场景，通过讲或听故事的形式展现出来，让消费者实现情感共鸣之余，也找到了品牌与消费者的联系点。江小白还通过征集故事的方式，使消费者潜移默化地参与到品牌的营销中来，将一个网红白酒品牌，逐渐转型为输出情感故事的文化 IP（见图 3-26）。

江小白借助文案出圈，获得了一大批客户，由此打开了被传统品牌统领多年的白酒市场。这只是第一步，文案不能长久地留住老客户，也不能广泛地带来新客户，因此江小白同时在各大网络平台进行内容投放，利用网红带动粉丝从而带动路人来制作江小白特调饮品，各路人马纷纷晒出自己的特调，一时间风靡网络。

江小白成功的原因除了独到的营销手段外，重要的原因之一则要回归到江小白产品本身。其产品针对现代人们的饮酒理念，定位于“小聚、小饮、小时刻、小心情”，小瓶装、低酒精度都是产品定位的体现，为消费者带来了多元化、丰富的饮酒体验。

图 3-26　用酒讲故事的江小白

案例精讲 24

幸福的牛奶包装设计

图 3-27 所示为一组牛奶包装，是俄罗斯知名乳制品厂 Bryansk 旗下的一款牛奶品牌 Milgrad 的包装。为了从乳制品货架中脱颖而出，增加销量，扩大代理和分销渠道的地理范围，品牌必须与众不同，并让消费者一见钟情。为了解决这些问题，Milgrad 商标小组与品牌代理机构 Depot 合作，对 Milgrad 进行重新定位，包括重新设计品牌标识，推出更具活力的新包装，从而与目标受众建立感情联系，让 Milgrad 成为一款带来幸福感的乳制品品牌。

图 3-27　Milgrad 牛奶的新、旧标识对比

新标识保持原来的蓝色，图形更直观和可爱，大写的“M”与猫头巧妙结合形成蓝猫，成为最醒目和难忘的视觉元素。在确定新标识后，设计师在开发产品包装时从该品牌的三大产品入手，尝试通过颜色来划分不同口味和不同功能的产品，如浅褐色代表发酵牛奶，白色代表纯牛奶，绿色代表开菲尔（Kefir，一种传统酒精发酵乳饮料）。包装主色都保留为白色，将插图保留为单一的蓝色，这与消费者所熟知的品牌色彩保持了联系。设计师绘制了一系列非常可爱的蓝色猫咪插图，然后将其大面积地应用于产品包装中（见图 3-28 左）。依次排列的牛奶包装展示出不同动作和造型的猫咪图案，从而创建了更多的货架展示方案（见图 3-28 右）。

图 3-28　Milgrad 牛奶的多种货架展示方案

Milgrad 品牌的产品组合还包括其他乳制品和发酵乳产品，如酸奶油、软干酪、松软干酪甜点、松软干酪块、黄油和松软干酪凝乳等，设计师为所有产品包装设计了统一品牌风格的样式（见图 3-29）。除了应用在产品包装上，Milgrad 还把设计应用到数字领域上，比如在社交软件网络页面上，以保持品牌整体性。

图 3-29 Milgrad 品牌的产品组合

3.4.4 文化定位

文化是语言、传统、道德、法律和艺术的综合体现，是经过长久的历史积淀而形成的，任何一个民族的文化都是世界文化不可分割的一部分。伴随着全球化而来的新思想、新观念的大量涌入，以及西方文化的冲击，如何发掘中国传统文化的精神内涵，将传统文化与现代设计技术和美学有机融合，设计出具有中国文化特色的包装，实现中国传统文化的传承和创新，是一个值得国内包装设计界深入思考和研究的包装设计课题。纵观近年来荣获国际包装设计大奖的国内包装设计作品，相当多的设计灵感都源于中国传统文化。具有中国传统文化特色的包装设计多见于酒类、茶叶等。

近年来，一些企业纷纷打出“文化包装”牌，特别是白酒行业，对产品进行文化包装，将企业经营活动置于特定的文化氛围之中，赋予产品一定的文化内涵，使企业产品从纯粹的物质演绎成文化的标志，让顾客从中得到多重享受，在买到产品的同时，还能买到乐趣、体面、时尚、情调等，即所谓“购买的是商品，享受的是文明”。

案例精讲 25

具有中国传统文化特色的包装设计

黄酒是中国酒文化的源头，自仪狄造酒开始，黄酒就与人类结下了不解之缘，其更以独特的魅力吸引着炎黄子孙。黄酒已不仅是一种客观的物质存在，而是一种酒文化的象征。图 3-30 所示为一款黄酒包装设计，酒瓶盖的造型设计很有特色，形似黑色的毛毡帽上捆扎红绳，形成鲜明的色彩对比。该包装用酒瓶口包裹纯纸的特殊工艺，采用这种传统包装技术是为了表现产品的工艺酿造与大自然的紧密联系。瓶身上的图案源自于古酒瓶体上的细腻螺纹，瓶体整体感觉简单而浓郁。酒瓶的包装设计体现了对古老酒文化的传承与创新，瓶盖部分与瓶身上的品牌名称和标识相呼应，较好地传达了现代设计美学和品牌核心要素。

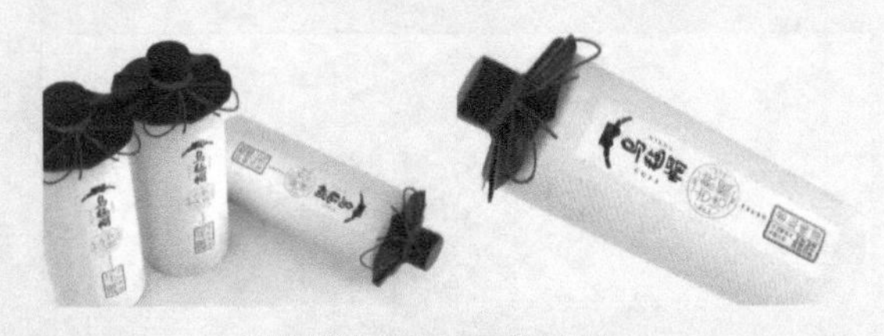

图 3-30　乌毡帽黄酒酒瓶包装设计

图 3-31 所示为一款成套酒包装设计，设计师提取了品牌标识元素，形成符号图形，并绘制出十二生肖插图，该设计包括 2 瓶、6 瓶、12 瓶不同的年度农历新年酒系列。一套酒包装包含礼盒、酒瓶及两个带有银色生肖纽的酒杯，供消费者使用。独特的支点设计使该套产品中的酒杯在正立时可作为饮酒的杯具使用，倒立过来则是十二生肖装饰品，可增强消费者与品牌之间的情感联系。所有包装材料均为环保材料，设计师还设计了包装回收系统。

图 3-31　十二生肖成套酒包装设计

图 3-32 所示为一款国内的茶叶包装设计，该包装设计全方位地体现了中国非物质文化遗产的传承。设计概念反映了晚清商人的文化习俗，清末流传的线描技术和茶收据被用来封印砖茶的底部；在不同的包装上使用三种颜色的繁体中文；包装材料为手工宣纸，并用木刻版画进行题词揉搓，其揉搓颜料、黏合胶水和捆绑的稻草绳都由天然材料制成；草绳在包装顶部形成一个提手，捆扎的形式古老，且便于携带，再现了传统茶包的形式。

图 3-32　体现晚清文化内涵的茶叶包装设计

思考练习题

1. 包装设计的主要流程是什么？包装策划的主要策略包括哪些？
2. 针对某一产品进行包装策划，展开市场调研，并撰写包装策划书。

第4章

包装的主要材料

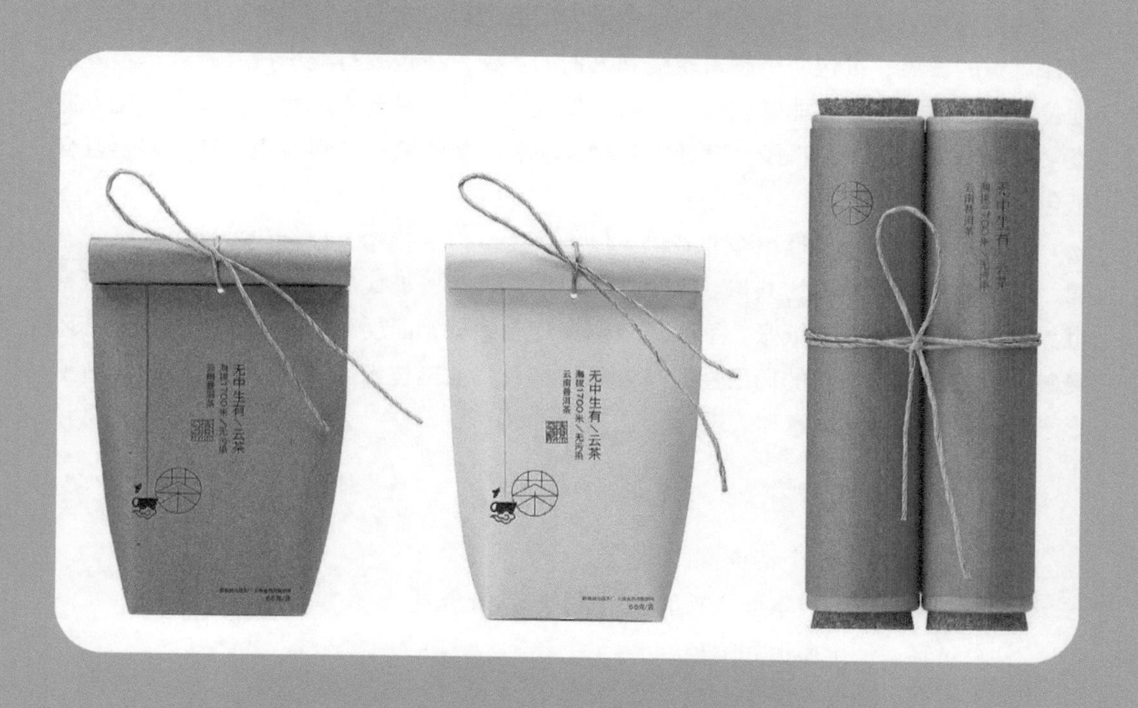

产品的包装是运用适当的材料塑造出一定的造型和结构来实现其包装功能的。因此，设计师必须了解主要包装材料的性能特点，并能够加以合理选择和充分利用。现代包装材料的种类十分广泛，但概括起来主要有四大类别，即纸（广义上的纸）、塑料、金属和玻璃，它们被称为包装材料的“四大支柱”，其中纸占30%，塑料占25%，金属占25%，玻璃占15%。

4.1　纸包装

在四大包装材料中，纸是一种使用最为广泛的包装材料，特别是近年来随着绿色环保意识的发展，纸包装已越来越受到人们的重视，在包装行业中占有越来越重要的地位。当前的造纸工艺非常先进，纸材从传统单一化向复合多元化、功能专业化方向发展，如糖果、饼干、瓜子、食盐等各种食品和牛奶等液态饮料所用包装大多是复合纸包装材料。

纸材的功能和适用性也今非昔比，以纸代木、以纸代塑、以纸代玻璃、以纸代金属，已成为可持续发展的共识。其中“充皮纸”就是以纸代皮的典型应用，充皮纸是世界流行的环保型包装纸张，纸张柔软，有皮质感觉，面层耐磨耐折。纸包装设计还突破了以往纸包装造型的局限性，随着纸材料及其加工技术的不断发展，纸包装造型形态日趋多样，更具创意和表现力。

4.1.1　纸包装的特点

纸包装具有以下六个特点：

1）原材料广泛，成本低，易加工，适用于大批量生产。

2）重量轻，便于搬运和运输。

3）可折叠，造型与结构变化丰富。

4）可压平码放，节省存储空间。

5）缓冲减振性能比较强，遮光保护性能好，不污染内容物。

6）可回收再利用。

4.1.2　纸包装的应用

纸包装材料基本上可分为两大类：纸张和纸板。纸张（简称为纸，是狭义上的纸）和纸板是按照定量（也称为“克重”，指每平方米纸或纸板的重量，单位为g/m^2）或厚度来划分的。定量在$225g/m^2$以下或厚度小于0.1mm的为纸张；定量达到或超过$225g/m^2$，或厚度在0.1mm以上的则为纸板。但这一划分标准不是很严格，例如：有些折叠盒纸板、瓦楞原纸的定量虽小于$225g/m^2$，但通常也称为纸板；有些定量大于$225g/m^2$的纸，如白卡纸、绘图纸等通常也称为纸。在包装方面，纸主要用于包装商品、制作纸袋、印刷装潢商标等；纸板则主要用于生产纸箱、纸盒、纸桶等包装容器。纸和纸板包装的种类见表 4-1。

表 4-1　纸和纸板的包装种类

类别	具体种类
包装纸	牛皮纸、羊皮纸、鸡皮纸、半透明纸、玻璃纸、食品包装纸、茶叶滤袋纸、防潮纸、纸袋纸、复合纸等
包装纸板	白纸板、黄纸板、箱纸板、牛皮箱纸板、瓦楞纸板、茶纸板、复合纸板等

将纸和纸板的规格尺寸进行规范，对于实现纸盒、纸箱等纸质包装容器规格尺寸的标准化、系列化具有十分重要的意义。纸与纸板可分为平板和卷筒两种类型，平板纸的规格包括长和宽两个尺寸，卷筒纸的规格只有宽度尺寸（见表 4-2）。

表 4-2　纸和纸板的主要规格　（单位：mm）

纸的类型	主要规格尺寸
平板纸和纸板（长 × 宽）	787 × 1092（整开）、880 × 1092、850 × 1168
国产卷筒纸（宽）	1940、1600、1220、1120、940
进口卷筒纸（宽）	1600、1575、1295

1. 牛皮纸

牛皮纸纸面呈黄褐色，质地坚韧，强度极大，有单面光、双面光、条纹纸等种类，主要用于包装小五金、汽车零件、日用百货和纺织品等，复合的牛皮纸还可以用于包装食品。由于牛皮纸质地坚韧，不易破裂，故能起到良好的物品保护作用。此外，牛皮纸还可再加工制作卷宗、档案袋、信封、唱片袋和砂纸基纸等。牛皮纸包装颜色独特，质地古朴厚实，给人以复古怀旧的感觉和自然田园的气息。

案例精讲 26

“无中生有”云茶包装设计

云茶生长于云南海拔 1700m 的纯净的古代森林之中，以浓郁的茶香与独有的回甘见称。图 4-1 所示为云茶包装，主题为“无中生有”，该包装设计获得了 2016 年 DFA 设计奖。该包装将中国书法和卷轴画的创意融于一身，充满了传统文化特色和艺术气息，打开包装有一种仪式感，犹如打开一幅泼墨山水画。其英文名也很有意境，Nothing is Something，可以说是非常有禅意了。

包装在形式上进行了大胆的创新设计。包装的黄、白牛皮纸上印有中国山水插画，隐藏于卷轴中，封装的纸绳为包装注入人性的温度。图 4-1 左所示这款茶袋包装有两款颜色。袋子上端卷起来，系上纸绳，就像一幅画卷。包装没打开的时候并不能看到画面，外观显得简洁，只有茶壶、文字和印章；当包装打开时，却发现别有洞天，能给人一个惊喜。图 4-1 右所示这款包装更似卷轴画，沱茶放在双筒中，相关文字信息及插画藏于纸中，当解开绳的时候，包装就像打开一幅画一样慢慢展开。

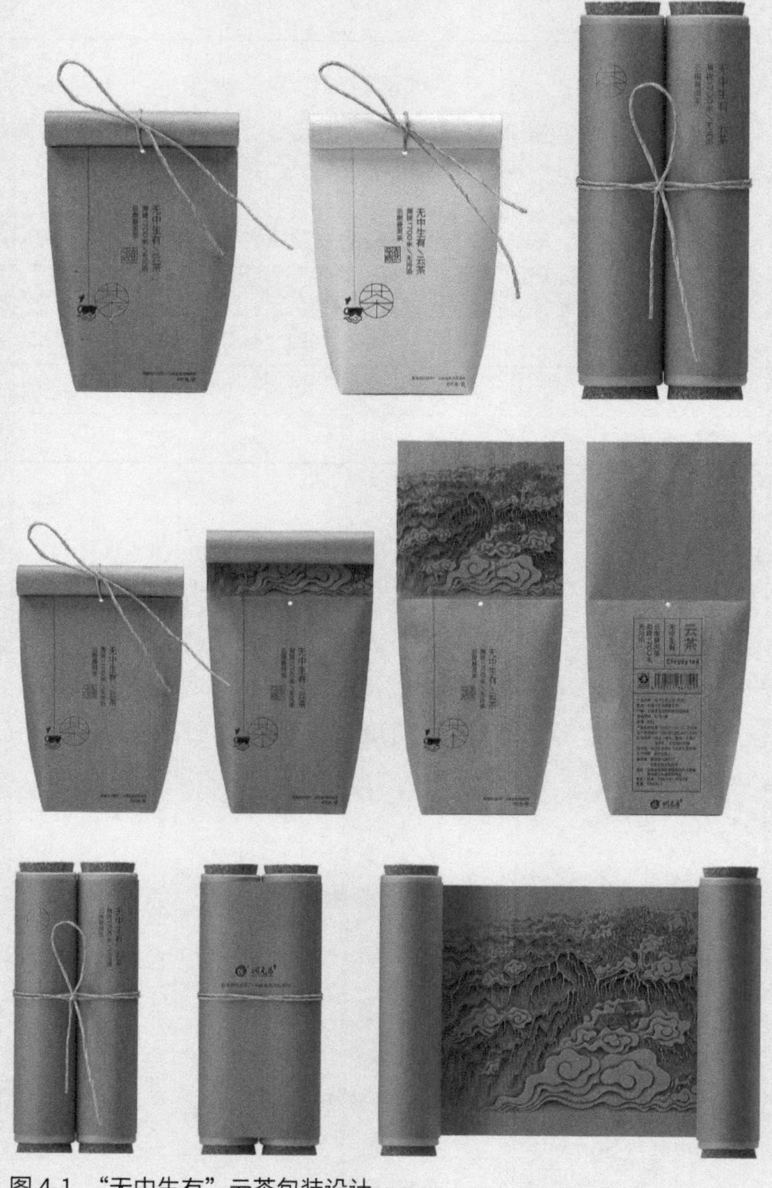

图 4-1 "无中生有"云茶包装设计

2. 无菌纸

无菌纸是一种用于液体食品保鲜包装的纸基复合材料，通常由6层组成。在包装材料的总体占比中，纸类占73%（食品级白卡纸和涂布牛卡纸），塑料（食品级聚乙烯）占20%，铝占5%，其他印刷油墨和涂料占2%。纸板中通常添加部分化学热磨机械浆（CTMP），外面还有一层很薄的涂层。

无菌纸包装材料的优点：将经过灭菌的液态食品在无菌环境中包装，免受光、气、异味和微生物的侵入，以期在不加防腐剂、不经冷藏的条件下运输、仓储，更重要的是延长液态食品的货架寿命。其产品空间利用率高、重量轻、绿色环保且可降低成本。

液体无菌纸包装作为复合纸材料中技术含量较高的一种包装，在我国饮料和牛奶包装市场中的应用越来越广泛，近年来消耗量已达100亿包以上，占全球市场10%左右。因这部分饮料盒大多由瑞典利乐公司（Tetra Pak）提供，所以人们称之为“利乐包装”。利乐包装形态多样，主要包括利乐砖、利乐包、利乐枕、利乐钻、利乐冠等（见图4-2），从性能上统称为“无菌纸包装”，其市场增长较快。

图4-2　利乐无菌纸包装

3. 白纸板

白纸板是一种具有2～3层结构的白色挂面纸板，是一种比较高级的包装用纸板。这种白纸板薄厚一致，不起毛，不掉粉，有韧性，可折叠出丰富的造型和结构，并具备良好的印刷性能、加工性能和包装性能，主要用于销售包装，起着保护商品、装潢商品、美化商品的作用，也可以用于制作吊牌、衬板和吸塑包装的底板。

白纸板分为双面白纸板和单面白纸板。双面白纸板主要用于高档商品包装；而一般纸盒、纸箱大多采用单面白纸板，如制作香烟、化妆品、药品、食品、文具等商品的外包装盒、包装箱。白纸板应用范围非常广泛，涉及食品、日用品、化妆品、办公用品和药品等（见图4-3）。白纸板作为包装领域应用最广泛的纸种，今后的使用量将大幅增长，发展前景非常好。

图 4-3 国外精美的纸包装设计

4. 瓦楞纸板

瓦楞纸板是在运输包装上应用最广的一种纸板，可以用来代替木板箱和金属箱。它由瓦楞原纸加工而成，首先把纸加工成瓦楞状，然后用黏合剂从两面将表面层黏合起来，使纸板中层呈空心结构（见图 4-4），这样使瓦楞纸板具有较高的强度。它的挺度、硬度、耐压、耐破、延伸等性能均比一般的纸板要高，由它制成的纸箱也比较坚挺，更有利于保护所包装的物品。

瓦楞的形状是指瓦楞齿形的波纹形状，它对瓦楞纸板的制造和性能有较大影响。按其瓦楞圆弧的大小，分为 U 形、V 形和 UV 形三种（见图 4-5）。

图 4-4 瓦楞纸板的剖面

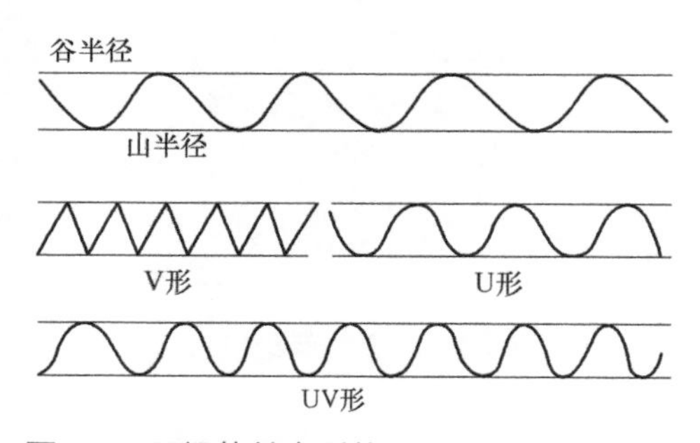

图 4-5 瓦楞的基本形状

（1）U 形瓦楞 楞峰接近圆形，特点是弹性好，缓冲性能好，易于黏合，但抗压力弱。

（2）V 形瓦楞 楞峰接近三角形，特点是强度较高，抗压力强，但不易黏结，易脱落，缓冲能力弱。然而当外力过大，其变形超出弹性范围时，瓦楞就被破坏，完全失去复原性。

（3）UV 形瓦楞 UV 形瓦楞的形状介于 U 形和 V 形之间，具有两者大部分优点，其弹性和加工性能优于 V 形，而平压强度和用料又优于 U 形，耐压强度较高。目前我国使用的瓦楞纸板基本上都采用 UV 形瓦楞形式。

瓦楞纸板按层数又分为四种：单层纸板、三层纸板、五层纸板和七层纸板。瓦楞纸板的楞型是按瓦楞层截面（瓦楞大小和高度）来区分的，常规楞型有四种，即A型、B型、C型和E型，后来又开发出微型瓦楞，包括F型、G型、N型和O型。具体的瓦楞纸板楞型的种类、特点及包装应用见表4-3。

表4-3　瓦楞纸板楞型的种类、特点及包装应用

<table>
<tr><th colspan="2">楞型</th><th>楞高 /mm</th><th>特点</th><th>包装应用</th></tr>
<tr><td colspan="2">A型</td><td>4.5～5</td><td>单位长度内的瓦楞数量少，瓦楞最高，弹性好，减振性好</td><td>适用于易碎及对冲击和碰撞要求高的产品的外包装</td></tr>
<tr><td colspan="2">B型</td><td>2.5～3</td><td>单位长度内的瓦楞数量多，瓦楞最低，刚性较好</td><td>适用于较重和较硬物品（瓶装物、小包装食品、小五金等）的外包装</td></tr>
<tr><td colspan="2">C型</td><td>3.5～4</td><td>单位长度的瓦楞数及楞高介于A型楞和B型楞之间，刚性和减振性较好</td><td>适用于各类易碎物品、软的产品、要求防护其表面的硬的产品的外包装</td></tr>
<tr><td colspan="2">E型</td><td>1.1～2</td><td>表面平整，较薄，刚性更好，适用于高质量的印刷，节省空间</td><td>代替厚纸板，制作成纸盒，用于销售包装</td></tr>
<tr><td rowspan="4">微型</td><td>F型</td><td>0.75</td><td rowspan="4">抗压强度高，减压缓冲性能好，印刷精美</td><td rowspan="4">适用于小件商品的销售包装，大件商品的减振内衬</td></tr>
<tr><td>G型</td><td>0.5</td></tr>
<tr><td>N型</td><td>0.46</td></tr>
<tr><td>O型</td><td>0.3</td></tr>
</table>

微型瓦楞被视为未来瓦楞纸板包装市场的主流，将会逐渐取代硬纸板，如包裹箱、冷冻食品盒及重型工业箱等，尤其是超过400g/m^{2}的纸盒将会被微型瓦楞纸板所取代（见图4-6）。微型瓦楞除了应用在数码产品、食品和医疗器械等领域外，还可应用于小家电、五金工具、生活器皿、玩具、快餐、医药、保健品及鞋等彩盒包装上，或应用于大件商品内衬，起到缓冲作用，还可用于制作广告展示架和海报，其市场正在逐渐扩大。

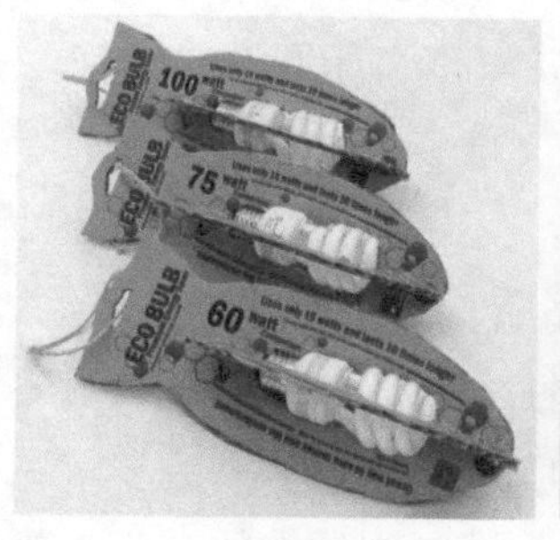

图4-6　微型瓦楞的销售包装

4.2　塑料包装

1907年，比利时籍的美国化学家列奥·亨德里克·贝克兰发明了真正的合成塑料。20年后，这种材料应用得最多，它常常是绿色或稍暗的红色、蓝色或黑色的。50年后，具有可塑性的包装出现了，塑料用作包装材料是现代包装技术发展的重要标志。对于设计师来说，这种可塑材料赋予了包装造型永无止境的创造性，为创新提供了广阔天地；对于消费者来说，各式的造型以及可挤压的特性同样带给他们以极大的愉悦和满足。

自从20世纪初问世以来，塑料已逐步发展成为经济的、使用非常广泛的一种包装材料，而且使用量逐年增加，应用领域不断扩大。塑料及其复合包装材料因原材料来源丰富、成本低廉、性能优良，成为近几十年来世界上发展最快、用量巨大的包装材料之一。塑料包装材料大量取代玻璃、金属、纸类等传统包装材料，应用于食品、饮料、医药、保健品、奶制品、化妆品和洗涤用品等许多领域。

4.2.1　塑料包装的特点

塑料包装材料之所以发展迅速，是由于与其他包装材料相比塑料有很多优点：

1）成本低，适于大批量生产。

2）质轻，力学性能较好。其良好的抗冲击性优于玻璃，能承受挤压；可以制成泡沫塑料，起到缓冲作用，保护易碎物品。

3）适宜的阻隔性与渗透性。可以选择合适的塑料材料制成阻隔性适宜的包装，包括阻气包装、防潮包装、防水包装、保香包装等，用于包装易因氧气、水分作用而氧化变质、发霉腐败的食品等。某些蔬菜水果类生鲜食品要求包装可透过一定的气体和水分，以适应其呼吸作用，用塑料制得的保鲜包装能满足上述要求。

4）化学稳定性好，耐腐蚀。可以盛装碳酸饮料、日化用品、农药等。

5）光学性能优良。许多塑料包装材料具有良好的透明性，其制成的包装容器让消费者可以清楚地看清内装物，起到良好的展示、促销效果。

6）良好的加工性能和装饰性。塑料包装制品可以用挤出、注射、吸塑等方法成型，可制成薄膜，也可制成硬质容器，形态和色彩异常丰富，印刷效果较好。

但是，塑料也存在一些缺点。

1）因其成本低，而给人廉价低档的感觉，不适合用作高档商品的销售包装。

2）塑料制品易于老化，影响包装的性能和外观品质。

3）密封性较差，特别是对氧和一氧化氮的隔离性太差，导致所装物品容易变质或发生其他化学变化，降低物品的保质期或影响物品口味。

4）不易降解和回收，存在环境污染问题。这是塑料包装最大的弊端，塑料包装废弃物对环境的影响已经引起了国际社会的广泛关注。

目前，世界塑料包装材料的发展呈现以下特点：新型聚酯包装更有发展前途，新型降解塑料受到关注，发泡塑料因零污染而得到重视。

4.2.2　塑料包装的应用

塑料是一种人工合成的高分子材料。与天然纤维构成的高分子材料，如纸和纸板等不同，塑料高分子聚合时根据聚合方式和成分的不同，会形成不同的形式，也会因为高分子材料加热或冷却的加工环境、条件和加工方法的不同使结晶状态不同，而产生不同的结果，因此最终形成了诸多材料、性能不同的塑料包装成品。塑料包装成品根据形态分类，主要分为以下四种类型的应用。

1. 塑料软包装

软包装是指在充填或取出内装物后，包装形状可发生变化的包装，通常用纸、塑料薄膜、铝箔、复合薄膜等制成。塑料软包装由单层薄膜、复合薄膜和薄片等塑料薄膜材料制成，主要用于包装食品、药品等（见图 4-7）。通常，厚度在 0.3mm 以下的称为薄膜，0.3 ~ 0.7mm 的称为片材，0.7mm 以上的称为板材。其中，单层薄膜的用量最大，约占薄膜用量的 2/3，其余的则为复合薄膜及薄片。塑料薄膜因其强度高、防水防油性强、阻隔性好等特点，而已发展成为使用广泛的内层包装材料和生产包装袋的材料。

图 4-7　塑料软包装

PE（聚乙烯）因其无毒、无味、无臭的特性，而已成为目前世界上最理想的、用量最大的食品袋材料之一。目前，大约 90% 的面包都采用 PE 塑料袋包装。LDPE（低密度聚乙烯）可用作保鲜膜，也可与多种聚烯烃复合制成软包装袋，能经受 100℃以上的高温杀菌处理，并具有良好的柔韧性和印刷性，广泛应用于糖果、蔬菜、冷冻食品等的包装，以及牛奶、果汁等液体的包装。

2. 塑料容器

塑料容器是以塑料为基材制造出的硬质包装容器，主要应用于两大类领域：水和饮料，化妆品和洗护用品（见图 4-8）。起先，包装饮料的容器是玻璃瓶，之后是纸质复合罐，目前 PET（聚对苯二甲酸乙二醇酯）瓶因其透明度好、无毒无味等优良性能，而成为使用最广泛的矿泉水、碳酸饮料的包装材料之一。HDPE（高密度聚乙烯）制成的容器，可用于清洁剂、洗发水、沐浴乳和食用油等的包装。特别是可挤压塑料软管包装，主要应用于化妆品和护肤品，具有其他材料无法竞争的优势。新研发的 PEN（聚萘二甲酸乙二醇酯）比 PET 具有更优异的阻透、防紫外线、耐热和耐高温性能，现在正向啤酒包装领域进军。

图 4-8 形态各异的塑料包装容器

3. 泡沫塑料

泡沫塑料是由 PS（聚苯乙烯）、LDPE（低密度聚乙烯）、PU（聚氨酯）和 PVC（聚氯乙烯）制成的，分硬质和软质两类，具有良好的隔热性和防振性，适用于食品、医药品、化妆品、家电和小型精密仪器等包装箱的内衬（见图 4-9），还可用于制成食品包装托盘、蛋盒及一次性餐盒等。

图 4-9 泡沫塑料内衬

4. 泡罩包装

泡罩包装又称为“吸塑包装”，是将产品封合在用透明塑料薄片形成的泡罩与底板（用纸板、塑料薄膜或薄片、铝箔或它们的复合材料制成）之间的一种包装方法，在20世纪50年代末由德国发明并推广应用。泡罩包装具有保护性好、透明直观、重量轻、缓冲性能好等优点，能包装任何异形产品，外包装箱内无须另加缓冲材料。

目前国际医药市场上，有60%~70%的固体制剂类药品采用铝塑泡罩作为直接包装材料。另外，泡罩包装可用于食品、化妆品、玩具、电池、五金和文具等小件商品的销售包装（见图4-10）。

图4-10　泡罩包装

4.3　金属包装

金属包装主要是指用铁、铝等金属材料压延成的薄片所制成的包装。镀锡薄钢板（俗称马口铁）、镀铬薄钢板、铝板、铝箔是制罐行业用于制作金属包装容器的主要材料。

用金属罐作为包装的想法在200多年以前就诞生了。1795年拿破仑为了军队远征的需要，出重金悬赏能够想出长时间保存食品方法的人，从此拉开了开发金属包装的序幕。随着金属包装开发不断继续，制造业和食品的保存方法在19世纪进入了快速发展期。现代金属包装技术以1810年英国人彼得·杜兰德发明马口铁罐为标志，他按照法国人阿佩尔发明的罐藏方法使用马口铁罐来盛装食品，并在英国获得了发明专利权，从而开启了马口铁罐头时代。

金属包装因其良好的密封性和具有的鲜艳图案，而成为制作各种包装容器的最主要材料之一，在食品、饮料、日化用品和家庭用品行业得到广泛应用。食品和饮料业已成为金属包装的最大市场，化工品、化妆品和药品行业均为金属包装的重要市场。金属包装材料在各个国家的应用中所占比重不同：在美国，纸类是最重要的包装材料，金属次之，占1/4；在英国，金属包装占1/5；在德国、法国和日本，金属包装都占有超过15%的比重；而在我国，金属包装的占比达到了20%。

4.3.1 金属包装的特点

金属包装具有如下优点：

1）抗压抗冲击性能好，保护性优于其他包装材料。

2）密封性好，食物和饮料保存期限长。

3）具有独特的金属光泽，彩色印刷效果美观。

4）加工性能好，工艺比较成熟，适用于连续自动化生产。

5）可回收再利用，减少资源浪费和环境污染。

但是，金属包装也有其缺点，如耐蚀性差，成本相对较高，与其他包装材料相比造型不够丰富等。

4.3.2 金属包装的应用

1. 马口铁包装

镀锡薄钢板简称“镀锡板”，俗称“马口铁”，是两面镀锡的低碳薄钢板。它将钢的强度和成形性、锡的耐蚀性和锡焊性与美观的外表结合于一体，具有耐腐蚀、无毒、强度高、延展性好的特性。

在第一次世界大战中，各国军队使用了大量的马口铁罐头。在20世纪上半叶，世界马口铁罐头发展十分迅速。1945年发表的文章“罐头的浪漫”记录了当年罐头生产的场面：如果把马口铁罐头裁剪成1in（1in=0.0254m）宽的金属条，那么一年生产的罐头使用的马口铁可绕地球赤道四五圈。

马口铁罐的生产历史悠久，工艺成熟，有与之相配套的一整套生产设备，生产效率高。自问世以来，马口铁就一直向减薄的方向发展：一是少用锡，甚至不用锡；二是减薄马口铁的基板厚度。其目的都是适应制罐产品的变化和降低制罐的成本。随着马口铁各种CC材料（普通冷轧薄钢板）、DR材料（二次冷轧薄钢板）、镀铬铁的不断丰富，包装制品及技术发展得到促进，马口铁包装也不断创新。

马口铁罐不仅可用于小型销售包装，而且也是大型运输包装的主要容器。马口铁罐可根据不同需要，制成各种形状，如方形、椭圆形、圆形、马蹄形和梯形等。马口铁罐按工艺分为三片罐和两片罐，按用途分为食品罐、通用罐、18kg罐（该种罐从日本传入，表示该罐能装18kg货物）和喷雾罐。马口铁罐的常见类型见表4-4。

马口铁包装由于良好的密封性、保藏性、避光性、坚固性，以及印刷精美，具有特有的金属装饰魅力，因此在包装容器行业内具有广泛的涵盖面，是国际上通用的包装品种，广泛应用于食品包装、医药品包装、日用品包装、仪器仪表包装和工业品包装等方面。马口铁可以确保食品的卫生，将腐败的可能性降到最低，有效阻绝健康方面的危险，同时也适应现代人在饮食上快速、方便的需求，是罐头、奶粉、饼干、糖果、饮料等食品包装容器的首选，还可用于橄榄油、茶叶、咖啡、香烟、文具用品、保健品和礼品等的包装（见图 4-11、图 4-12）。

表 4-4　马口铁罐的常见类型

分类依据	类型	特点及应用
工艺	三片罐	又称为"接缝罐""敞口罐"，由罐身、罐盖和罐底三部分组成，罐身有接缝。根据接缝工艺不同，又分为锡焊罐、缝焊罐和黏结罐
	两片罐	由罐身和罐盖两部分组成，罐身无接缝，根据加工工艺不同，又分为拉深罐（DI 罐）和变薄拉深罐（DWI 罐）
用途	食品罐	一般用于制作罐头，多是三片罐形式，完全密封，能加热灭菌
	通用罐	是指除罐头之外的，用于包装点心、茶叶、药品和化妆品等其他产品的金属罐，可密封，但无须灭菌处理。其印刷精美，又被称为"美术罐"
	18kg 罐	机油、食用油之类的大型罐，几乎全部使用镀锡铁皮制作
	喷雾罐	结合物理学和力学原理，主要用于气雾类产品的包装，如杀虫剂、药物、空气清新剂、香水、发胶等

图 4-11　橄榄油马口铁包装

图 4-12　茶叶马口铁包装

2. 铝制易拉罐

风行于啤酒、饮料消费品市场的铝制易拉罐开盖两片罐（俗称"两片罐""易拉罐”）始于 1963 年，是由美国铝业公司（ALCOA）推出的配有合金铝易开盖的啤酒饮料易拉罐包装。这是一次包装开启方式的革命，因其给人们带来了极大的便利和享受，故而得到快速发展。

至今，全世界易拉罐年产量约为 2600 亿只，其中美国每天要生产 3 亿只，每年要生产铝制易拉罐达 1000 亿只以上。铝材料的密度为 2.7g/cm^3，仅为钢密度的 1/3，其延伸性能更好，冲拔与拉深工艺试制成功之后（Drawn and Ironed Cans，简称为 DI 罐），可使罐高大于罐径，从而在液体食品行业的包装上具有推广价值，目前大量应用在啤酒、碳酸饮料、果汁饮料等行业。

案例精讲 27

易拉罐设计

在世界各地，有一大批热衷于收藏各式各样图案易拉罐的爱好者，他们特别痴迷于限量版的收藏，由此衍生出一个新兴行业——易拉罐收藏业。两大可乐公司为纪念某些事件而限量发行的汽水罐，往往具备很高的收藏价值。

不同时期的百事可乐包装，就是当时时尚尖峰的固化，从百事罐子图案设计的演变历史，我们能看到不同时期流行元素的缩影。2007 年百事可乐在易拉罐的设计上改变了其一贯的明星当道的策略，转向捕捉更具亲和力及影响力的年轻时尚元素，推出了“密码罐”“礼花罐”“相片罐”等 6 款罐装设计，受到追捧（见图 4-13）。可口可乐在易拉罐的设计上，同样不甘示弱。可口可乐与奥运会一直有良好的合作渊源，其奥运营销策略把奥运精神、品牌内涵和消费者三者连成一线，挖掘其中的市场机会，同时也非常重视品牌的本土化（见图 4-14）。

图 4-13　百事可乐 2007 年时尚罐装

图 4-14　可口可乐 2012 年伦敦奥运纪念版罐装

易拉罐自问世以来，由于生产工艺的限制，造型设计一直没有太大突破。一些走在国际前沿的公司和勇于革新的设计者，尝试做出易拉罐造型的个性化突破。2014 年，百威啤酒（Budweiser）给自己的罐装啤酒换上了新装，这是自该公司于 1936 年开始推出易拉罐装产品以来第 12 次更换包装。全新的包装设计来自英国伦敦的设计工作室 JKR，罐身不再是胖胖的圆柱体，而是进行了“瘦身”，中间的束腰恰好与标志中“蝴蝶结”的形状相呼应（见图 4-15)。这个独特的易拉罐需要用特殊设备经 16 道工序加工而成，足见百威渴望改变的决心。还有一个国外牛奶易拉罐的设计也很有新意，它把底座设计成了三足结构，就像奶牛的乳头，别致生动（见图 4-16)。

图 4-15　百威啤酒 2014 年新罐装

图 4-16　个性化牛奶罐装

3. 喷雾罐

1943 年美国人沙利文结合物理学和力学原理，在美国取得了空气喷雾罐装置的专利，为人们生活带来极大的方便。喷雾罐是指由阀门、容器、内装物（包括产品、抛射剂等）组成的完整压力包装容器，当阀门打开时，内装物以预定的压力、按控制的方式释放。

塑料和金属都可用于制造喷雾罐，但 90% 以上的喷雾罐是用马口铁、铝和不锈钢制造的。喷雾罐分为马口铁三片罐或铝两片罐，主要用于气雾产品的包装，最初应用于医疗和防治农作物虫害等领域，近年来在化妆品、洗涤剂、杀虫剂、空气清新剂和油漆等方面的需求量日益增加，在食品方面也有一定的市场尚待开发。欧洲平均每年消耗金属罐装的液化喷雾剂高达 30 亿罐，美国则为 26 亿罐，其中一半以上用于化妆品和护发品领域，如发胶、摩丝、香水等。

案例精讲 28

触感独特的空气清新剂创意包装设计

图 4-17 所示为国外一款不但能闻到，甚至还能摸到的空气清新剂。这款空气清新剂的顶盖用硅胶进行了包裹，在取代以往单调喷头的同时，与瓶身的图案巧妙融合，看上去就像是真的柠檬、草莓和冰激凌一样新鲜欲滴。手指握住轻轻一按，指尖传来的是如肌肤般的触感，“哧”地一声，柠檬、草莓和冰激凌的味道就充满整个空间。其设计目的是将创意想法变为现实，并且使那些平常枯燥的东西变得有趣，更富有视觉效果和触觉效果。

图 4-17　触感独特的空气清新剂包装

4. 金属软管

1840 年法国人发明了金属软管，为一些日用品提供了合适的包装，也导致了一些商品在形态上发生变革。1841 年美国肖像画家佩洛罗德用挤压法制造金属管装颜料。“高露洁”是世界上最早的牙膏公司之一，1892 年高露洁首次将牙膏装入金属软管（见图 4-18），并很快被消费者接受，高露洁由此成为知名品牌。1910 年英美开始生产铝箔，在 20 世纪 30 年代，许多日用品和食品都开始采用铝制软管作为包装，像牙膏、酱、奶酪、炼乳、胶水、鞋油和颜料等。

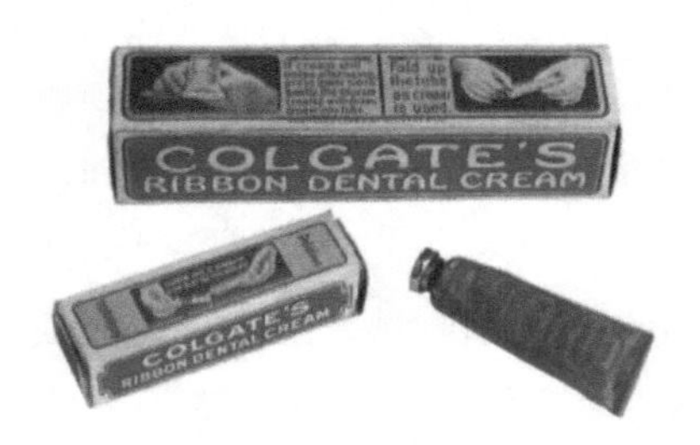

图 4-18　早期的高露洁牙膏（金属软管）

目前，金属软管已经成为糊状、乳剂状产品的主要包装容器之一（见图 4-19）。其特点：易加工、防水、防潮、防污染、防紫外线、耐酸碱；可以进行高温杀菌处理，适宜长期保存内装物；金属软管携带方便，使用时挤出内装物而无回吸现象；内装物不易受污染，特别适合重复使用。有延展性的金属均可制作软管，常用的是铅、锡和铝，现在铅、

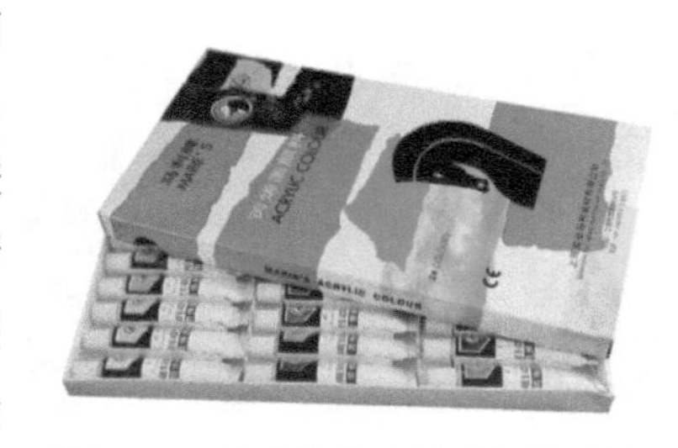

图 4-19　马利牌丙烯颜料（铝管）

锡软管已基本被铝软管取代。目前包装中软管已大量使用塑料，但重要的场合仍需使用金属材料。

4.4　玻璃包装

在四大包装材料中，玻璃是最早出现的，早在古埃及、古罗马时期人类就已能够制造精美的玻璃容器，现在玻璃仍在包装领域占据重要的地位。

4.4.1　玻璃包装的特点

玻璃包装具有以下特点：

1）因为是用钢模吹制成形的，玻璃包装造型异常丰富，在容器的线形、比例及变化手法上有较大的发挥余地。

2）晶莹剔透，当装入内容物以后，瓶身具有水晶般的透明感，华贵富丽。

3）耐热性好，可盛装较重的物体而不变形。

4）很好的防酸碱性，不污染食物，安全卫生。

5）原料丰富，可循环使用，生产商可以降低包装成本，消费者也可将其另作他用。

但玻璃包装有一个显而易见的缺陷，即不能承受冲击和摔打，易碎怕碰撞。因此在运输时，要考虑适当的保护措施，加入缓冲材料，避免玻璃容器之间直接接触碰撞，最大限度地防止运输中的损耗。另外玻璃容器较重，运输费用高，且印刷性能差，也在很大程度上限制了玻璃包装的应用。

4.4.2　玻璃包装的应用

玻璃包装主要应用于酒水饮料、食品罐头、化妆品和药品等领域，但是近年来，国际市场对玻璃包装容器的需求量呈下降趋势。由于PET瓶的市场需求快速增长，在酒水饮料行业玻璃容器遭到强有力的挑战。化妆品包装是玻璃包装的传统市场，但近些年，具有玻璃质感的塑料包装，以其良好的耐破裂性、高透明度、比玻璃包装更丰富的色彩效果及更方便的加工性能，正在悄然进入高档化妆品市场。根据全球化妆品业的报告，全球总值110亿美元的香水及个人护理用品，将陆续由玻璃包装转向塑料包装。

但是，对于高档的酒水和化妆品，玻璃容器依然是其最佳的选择，在香水包装领域显得尤为突出（见图4-20、图4-21）。香水是少有的包装成本高于产品本身的商品之一，从某种角度去分析，香水的精神价值比其物质价值更为重

图4-20　香奈儿邂逅香水

要，正因如此，香水的缔造者们总是千方百计地给产品一个良好的形象，而玻璃容器则是最佳代言者。玻璃有着分量感、无气味、易成形的特征，其晶莹剔透的质感，加上千奇百态的造型，无疑是高品质的象征。

图 4-21　精美的玻璃包装

（上行：酒水包装；中行：纯净水和饮料包装；下行：香水包装）

4.5　包装材质组合设计

材料要素是包装设计的重要环节，直接关系到包装的整体功能、经济成本、生产加工方式，以及包装废弃物的回收处理等多方面的问题。随着工业与科技的不断进步，包装材质变得品种繁多，种类丰富，为包装设计师提供了多样的物质基础，不仅可以在理念上把现代艺术融于包装材料之中，还为包装设计师在创作中提供了更广阔的自由选择空间。

材质是包装的载体，不同的材质具有不同的审美特性，给人的视觉和触觉感受不同，这是由其质地、肌理、颜色、光泽和手感等多因素决定的。现代材质的艺术美感，正逐渐改变人们的审美观念。包装材料的恰当运用，不仅能强化包装的艺术效果，而且是包装品质的重要体现。

在包装材料上，呈现出明显的多样性、丰富性特征，这集中体现在材料的原料种类、形态结构、质地肌理和相互之间的组合对比上。有些包装设计师还创造性地运用变形、镂空、组合等处理手法来丰富材料的外观，赋予材料新的形象，强调材质设计的审美价值（见图4-22、图4-23）。

图4-22　混搭材质的香水包装

图4-23　集合式酒水包装

运用不同材料，合理地加以组合配置，可给消费者以新奇、冰凉或豪华等不同的感觉。自然材料与人工材料相结合的包装设计，反映出巧妙的借用对比和材料的搭配，将粗犷与细腻、精确与粗放等在特定的环境中体现出一种质感的对比。通过不同材料的视觉反差，让观赏者品味到不同材料的细节之美，这便是包装材质组合设计的艺术。

案例精讲29

多种材质组合的高档酒包装设计

图4-24所示为国外一款高档礼品酒包装，为2018 A’设计大奖包装类获奖作品。整套包装由礼盒、酒瓶和盆栽组成，大胆地运用了木材、纸板、玻璃、金属四种材料的组合，并在包装中别出心裁地嵌入盆栽进行点缀。礼盒正面为纸质，印有品牌字体，背面为木质肌理，预先开两个深槽，分别嵌入酒瓶和盆栽。酒瓶为玻璃，瓶贴为森林图案，看起来像透过瓶子观赏风景。瓶盖为金属，形似水龙头，造型奇特。从礼盒外面看，酒瓶和盆栽树枝仿佛从树桩上长出，整套包装设计彰显新奇而自然的高档品质，极具创新性和艺术性，具有较高的观赏和收藏价值。

图 4-24 极具艺术性的高档酒包装

思考练习题

1. 简述包装四大材料的特点、应用及各自的主要包装形式。
2. 思考包装材料与造型、结构之间的关系。

第5章

包装造型设计

包装造型设计是指利用一定的材料和工艺，运用美学原则，对线形、比例、空间、色彩和肌理等造型元素进行设计，在满足容纳商品和使用便利等基本功能的基础上，设计出新颖美观的包装造型。包装造型设计是一门空间立体艺术，以纸、塑料、金属、玻璃、陶瓷等材料为主，利用各种加工工艺创造立体形态。而“造型”的概念也并非单纯的外形设计，涉及内容物性质、材料选择、力学性能、生产工艺、人机关系和文化艺术等各种因素，是一种更为广泛的设计与创造活动。

5.1 包装造型设计总的原则

包装造型设计总的原则可以概括为八个字，即“科学、经济、美观、创新”，具体反映在四方面的因素：功能因素、经济因素、美学因素和创新因素。

1. 功能因素

不同的商品具有不同的特性与形态，对于包装材料和造型的需求也不尽相同。包装的造型设计应能够起到对内在商品的保护作用，还要符合商品的功能要求，并考虑到商品的销售环境和消费者的使用习惯，使包装的尺寸、形状和方式等适合人机关系，方便携带，使用安全便利。

2. 经济因素

设计师必须了解工艺流程及特点要求，使包装的造型设计适合工艺生产；同时，设计师也要注意包装设计与成本的关系，使包装成本与销售价格相匹配；设计师还应使形态和结构设计合理，减少生产、流通中的破损和浪费。

3. 美学因素

在满足功能因素和经济因素的基础上，将形态美感、材料美感和工艺美感充分体现于包装造型设计中。既要有视觉的美，还要兼顾触觉的美，给消费者带来多重感官的愉悦（见图 5-1）。

图 5-1 美轮美奂的香水瓶设计

4. 创新因素

促进销售是包装设计的核心目的，包装要想使商品区别于竞争对手，从众多商品中脱颖而出，仅满足科学、经济和美观的要求还不够，创新才是最重要的因素。包装造型设计要足够独特新颖，不局限于“形”的创新设计，而要赋予“态”的情感和思想内涵，使包装的造型“形神兼备”，从而直达消费者的内心情感世界。

案例精讲 30

“天造地设”的蜂蜜包装

图 5-2 所示为一款非常有创意的蜂蜜包装设计，其外部的包装与内装的蜂蜜绝对是天造地设的一对。该包装以蜂窝为原型，在传统的玻璃瓶外面套上了若干木质“呼啦圈”，用绳子串在一起，造型颇具渐变韵律的美感。

包装的整个造型就像一个蜂窝，形态圆润光滑，具有自然朴素的美感，将玻璃瓶牢牢包裹在里面，给蜂蜜打造了一个安全的、原生态的储存场所。包装不仅造型独特，方便携带，同时也为消费者带来全新的使用体验，不禁让人联想到蜂蜜的天然、营养和美味。

图 5-2　“天造地设”的蜂蜜包装

5.2　包装造型设计的空间

包装最基本的功能是“容纳”商品，因此在进行包装的造型设计时除了要考虑美观性和创新性，还必须满足容纳一定体量商品的要求。包装造型设计的空间主要体现在三个层面：容量空间、组合空间和环境空间。

（1）容量空间　容量空间是指单体包装所能容纳内在商品的空间，要考虑单体商品的体量、成本与价格的关系。

（2）组合空间　组合空间是由多个相同商品的包装，或同一系列不同商品的包装所形成的组合空间，即考虑多个包装的组合效果。

（3）环境空间　环境空间是考虑商品包装与货架、展台等形成的大空间，即考虑包装的展示陈列效果。

现有的包装设计多从容量空间的层面出发，如果从组合空间和环境空间的层面出发，则可为包装造型设计带来新的创作灵感，以及新奇而强烈的视觉效果。

案例精讲 31

考虑组合空间的容器造型设计

图 5-3 所示为 SIS 便携式果汁瓶包装设计。雌蕊是果实初始形成的载体，因此以雌蕊作为创意点，遵从了果实自然生长的规律。将瓶形抽象为不规则形状，组合在一起可以节省大量空间，并形成独特的组合陈列效果。由于瓶身表面形状不规则，因此将标签设计为波浪形，紧密地和瓶身贴合在一起。

图 5-3　形似雌蕊的 SIS 便携式果汁瓶

橄榄油和香醋简直就是天生一对，图 5-4 所示的这款包装设计巧妙地将两个独立的瓶子结合在一起。只要将中间的纸撕开，就可分开使用。

图 5-5 所示为 Raimaijon 甘蔗汁包装。设计师要为泰国甘蔗产业创造一种新包装，给消费者一种全新的体验。包装模拟甘蔗的外观、手感和纹理，逼真的造型

图 5-4　橄榄油与香醋组合包装

使产品回归自然，让人潜意识感受到一种萌动的生命和活力，表现出甘蔗的新鲜、原生态。消费者可以享受一次犹如直接饮用鲜榨甘蔗汁的经历。此外，包装瓶的形状和大小能使瓶子互相卡扣并堆叠在一起，从远处看货架，极其醒目特别，很容易就能被消费者注意到。并且，现实中堆叠的甘蔗就代表着收入。从消费者的反馈可以看出，他们对这一看起来像饮料本身的设计感到惊喜和触动。

图 5-5　泰国 Raimaijon 甘蔗汁包装

5.3 包装造型设计的美学法则及具体手法

5.3.1 比例与尺度

比例是容器的各个组成部分之间的尺寸关系，恰当的比例安排能直接体现出容器造型的形体美。以瓶子为例，其可以分为口、颈、肩、腰、腹、底多个部分（见图 5-6）。确定容器比例的依据包括体积容量、功能效用和视觉效果。

图 5-6 比例各异的瓶形

尺度是根据人们的生理特点和使用方式所形成的合理的尺寸范围。容器的尺度与功能要求的尺寸，以及人们长期以来使用习惯所形成的大小概念有直接关系（见图 5-7）。拿酒瓶来说，为了单手使用方便，酒瓶的直径或厚度不能大于手的拇指与中指展开的距离。而香槟类酒瓶不同于一般的酒瓶尺度，由于容量较大，使用的方式为右手托住底部凹进处，左手托住瓶身。

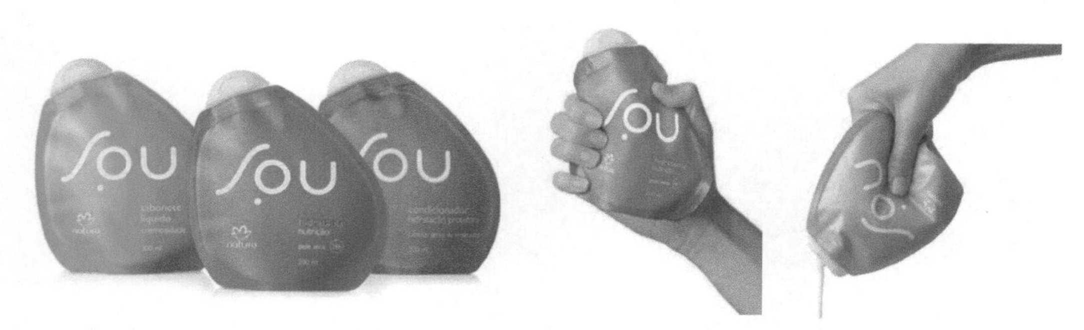

图 5-7 “尽在掌握”的日化用品包装设计

5.3.2 变化与统一

在各种艺术创作和设计的过程中，变化与统一是一个普遍的规律。只有变化而没有统一的设计给人一种无条理杂乱之感，只有统一而没有变化的设计给人一种呆板无生气之感。在包装造型设计中，统一是指造型的整体协调，格调统一；变化是指对造型的局部加以变化来打破统一，创造情趣、个性和焦点。

包装造型的四种基本体为方体、柱体、锥体和球体，可在基本体的基础上，用或多或少的变化来加以充实丰富，使容器造型具有独特的个性和情趣。常见的造型变化手法包括切削、空缺、扭曲、凹凸、变异、拟形和配饰等（见图 5-8）。

a) 切削 b) 空缺 c) 扭曲

d) 凹凸 e) 变异 f) 拟形

g) 吊牌垂挂 h) 饰物镶嵌 i) 绳带捆绑

图 5-8 容器造型设计的常见变化手法

（1）切削　对基本体加以局部切削，使造型产生面的变化，如图 5-8a 所示。切削的部位、大小、数量、弧度不同，造型便相应地千变万化。充分运用形式美的原则，既讲究面的对比效果，又追求整体的统一。

（2）空缺　为满足便于携带提取的要求，或单纯为表现独特的视觉效果，进行孔、洞等虚空间的处理，可产生虚实空间的对比，如图 5-8b 所示。

（3）凹凸　在形体上进行局部的凹凸变化，可以在一定的光影下，使包装呈现不同的质感，产生特殊的视觉效果，如图 5-8d 所示。

（4）变异　相对于常规的对称、规则的造型而言，变异的变化幅度较大，在基本体的基础上进行弯曲、倾斜、扭动、残缺或其他特异的造型变化，如图 5-8c、e 所示。此类包装一般加工成本很高，因此多用于高档的商品包装。

（5）拟形　这是一种模拟的造型手法，通过对自然界生物或人造物体的写实模拟或意象模拟，来取得较强的趣味性和生动的艺术效果，以增强包装的展示效果，如图 5-8f 所示。拟形造型一定要简洁概括，便于加工。

（6）配饰　配饰是指配合主体而进行的装饰。通过与包装主体的不同材质、不同形式所产生的对比，强化设计个性。常用的配饰手法有吊牌垂挂、饰物镶嵌、绳带捆绑等，如图 5-8g、h、i 所示。需要注意的是配饰不能喧宾夺主，以防影响包装主体的完整性。

案例精讲 32

别具一格的日本容器造型设计

日本的造酒文化源于中国，约 2000 年前我国江浙一带的大米种植技术和以大米为原料的酿酒技术传到了日本。日本的风土将其精炼并发展，从而产生了今天的清酒，因各地风土民情的不同，日本清酒成为深具地方特色的一种代表酒。

图 5-9 所示为系列化白鹿清酒包装，整体造型好似人偶，瓶身是穿着日本和服的农夫，瓶盖就是他们头上的“斗笠”，衣服的图案和斗笠的样式各不相同。整套设计极其和谐优美，并体现日本传统特色，带有浓郁东方美学的极简主义设计风格，留白处理让整体看上去舒服通透，充满诗意和禅宗文化风格。

图 5-9　日本系列化白鹿清酒包装

化妆品、护肤品要想吸引女性用户，精美的包装绝对是必不可少的。SK-Ⅱ每年推出限量版的神仙水，其瓶身设计都别出心裁。SK-Ⅱ产品面向中高端市场，即使是限量款，也供不应求。

作为2020年东京奥运会的官方合作伙伴，SK-Ⅱ特地推出一款“春日娃娃”神仙水，以极具特色的和风娃娃风格为设计灵感，主打丸子头瓶盖，寓意“同气连枝，共盼春来”（见图5-10）。黑色齐刘海儿的是日本娃娃，代表日本；红色丸子头的是中国娃娃，则代表中国。顶着两个巨萌“娃娃头”的神仙水，因为瓶盖的独特设计而被列入限量版，用完之后还具有收藏意义。

图5-10　SK-Ⅱ春日娃娃神仙水包装

5.3.3　对比与调和

对比是差异性的强调，在造型的构成要素之间产生对抗性的因素，使个性鲜明化。手法主要包括线形曲直对比、体量大小对比、材质肌理对比、色彩对比、空间虚实对比等（见图5-11）。调和是近似性的强调，使两个或两个以上的要素具有整体的共性与统一。对比与调和是相辅相成的，其本质是变化与统一。

5.3.4　节奏与韵律

在艺术领域里，各门艺术都是相互联系的。音乐中有节奏和韵律，绘画、雕塑中有节奏和韵律，包装造型设计同样也需要节奏和韵律的美感。那些和谐的点、线、面、肌理、色彩等造型要素的重复出现就构成了节奏；在节奏的基础上呈现有规律的组织变化，则产生了韵律。常见的韵律形式有连续韵律（见图5-12）、渐变韵律、发射韵律、起伏韵律和交错韵律等。

图 5-11　简洁精致的伏特加包装设计

图 5-12　具有连续韵律的饮料瓶

案例精讲 33

“自然生长”的系列香水包装概念设计

图 5-13 所示为某系列香水包装的概念设计，其设计灵感来自大自然中的竹子、白海螺和鹅卵石，自然的气息扑面而来。瓶子的上部或洁白如雪，或青翠欲滴，或墨黑如玉，瓶盖巧妙隐于其中，唯有瓶子下部露出一小节纯净透明的玻璃，形成鲜明的质感对比，却又巧妙地统一于向上渐变的造型之中，具有自然生长的韵律美感，如诗如画，并蕴含着十足的禅味，给人带来内心的静谧与平和。

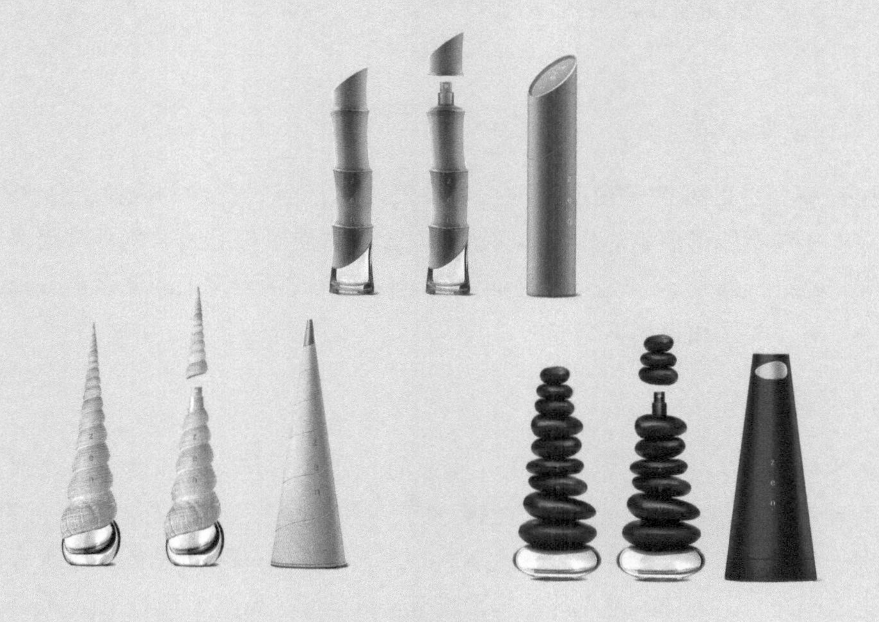

图 5-13　“自然生长”系列香水的包装概念设计

思考练习题

1. 包装造型设计需要考虑的空间因素有哪些？
2. 运用几种设计手法对某一产品进行包装造型设计，并画出设计草图。

第6章

典型包装结构设计

包装结构设计的对象是包装形体各个部分之间相互联系、相互作用的技术方式，主要考虑的是技术因素和人机因素。这些方式不仅包括包装体各部分之间的关系（如包装瓶体与封闭物的啮合关系），还包括包装体与内包装物的作用关系、内包装与外包装的配合关系，以及包装系统与外界环境之间的关系。

包装结构设计与包装造型设计是相辅相成的，造型设计侧重艺术美感、陈列效果和心理效应，而结构设计则更加侧重技术性、物理性的使用效应。包装结构伴随着新材料和新技术的进步而变化、发展，以达到更加合理、适用和新颖的效果。

6.1　常见的包装结构形式

常见的包装结构形式主要包括盒（箱）式结构、罐（桶）式结构、瓶式结构、袋式结构、管式结构和泡罩式结构等。

1. 盒（箱）式结构

盒多用于包装固体状商品，既保护商品，也有利于叠放运输。盒的容量较小，高度较浅，带有盒盖。最常见的是折叠纸盒，主要用于食品、文化用品的包装。箱的容量较大，主要用于运输包装。除复合纸材料外，盒（箱）还可用塑料、木材、金属等材料制成。

2. 罐（桶）式结构

罐（桶）多用于包装液体或粉末状的商品，通常用塑料和金属制成。罐的板厚小于或等于 0.49mm，容量小于或等于 16L，主要用于食品罐头、饮料、啤酒、医药、日用品等领域；桶的板厚大于或等于 0.5mm，容量大于或等于 20L，用于洗衣液、机油、食用油、油漆等的包装。

3. 瓶式结构

瓶多用于包装液体商品，多以玻璃、塑料或陶瓷制成，并加以金属或塑料瓶盖，具有良好的密封性能。瓶子的造型多种多样，是包装容器应用较多的一类，常见的如化妆品瓶、药瓶、酒瓶、饮料瓶等，多与盒配套使用。随着纸包装材料和技术的发展，瓶式结构的纸包装在牛奶、饮料等领域的市场增长较快。

4. 袋式结构

袋多用于包装固体商品，是用柔韧性材料（如纸、塑料薄膜、铝塑等复合薄膜，以及纤维编织物等）制成的袋类容器，形体柔软。其优点是便于制作、运输和携带。容积较大的有布袋、麻袋、编织袋等，容积较小的有手提塑料袋、铝箔袋、纸袋等。

自立式包装袋是一种新兴的包装形式，具有以往包装袋所不具有的两大突破性优势，即可站立和可再封，主要有吸嘴袋和拉链袋（见图 6-1）两种形式。近年来，国内外在牛奶、果汁、干果、休闲食品、洗衣液、沐浴液等诸多产品中应用自立式包装袋的情况逐渐增多，消费者对这种包装形式也越来越认可。

图 6-1　自立式包装袋

5. 管式结构

管式结构多用于包装黏稠状商品，以塑料软管或金属软管制成，便于使用时挤压。多带有管肩和管嘴，并以金属盖或塑料盖封闭；不少管式结构的封闭盖采用特殊结构。管式结构广泛应用于药品、化妆品、牙膏、颜料、鞋油、化工产品等的包装，其中化妆品及各类护肤品是使用管状包装最多的。可挤压特性是塑料容器除轻便之外的另一个其他材料无法与之竞争的优势，原先的金属可挤压软管也逐渐被塑料软管取代。

6. 泡罩式结构

泡罩式包装是将产品置于纸板或塑料板、铝箔制成的底板上，再覆以与底板相结合的吸塑透明罩。既能通过塑料罩透视商品，又能在底板上印制文字和图案，具有保护性好、透明直观等优点。

最初的泡罩主要用于药品包装，由于考虑到保护商品及防盗的功用，因此不易于开启，容易割伤手。现在除了药品片剂、胶囊栓剂等医药产品的包装外，泡罩式包装还广泛应用于食品、化妆品、玩具、礼品、工具和机电零配件的销售包装。泡罩式包装在经过一定的改良之后，可在保护防盗的基础上，更加易于开启。

包装的结构除了要符合商品本身的形状和特性外，还要适用于销售陈列，并方便消费者携带与使用。根据包装销售陈列的方式不同，包装结构可分为吊挂式、倒立式、手提式、成套式、开窗式、集合式等（见图 6-2）。

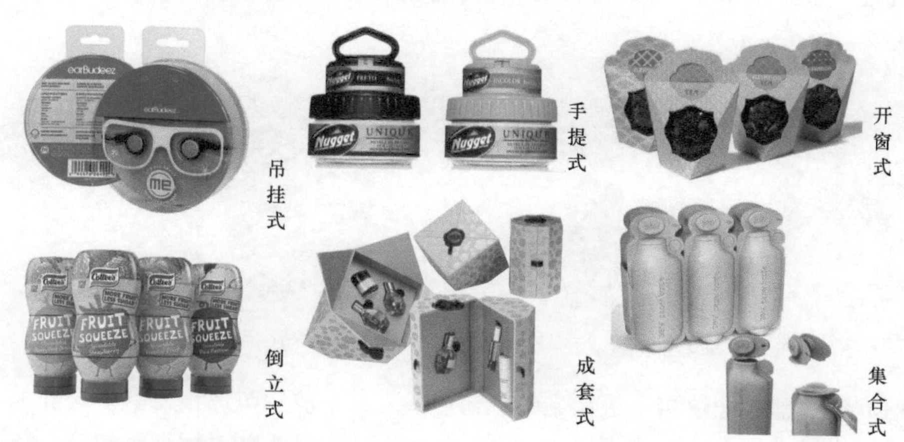

图 6-2　常见的包装陈列方式

6.2 容器结构设计

瓶子是包装中最常见、应用最广泛的一种容器形式，其设计的重点通常是瓶形设计。瓶盖作为瓶子的小部件，在包装设计中经常被忽视。但是随着市场竞争愈演愈烈，食品和饮料公司要想使自己的产品在市场上立足，就必须考虑利用包装的每一部分来体现产品的差异化，而不仅仅是把包装作为一个大标签。因此，除了瓶形的设计，瓶盖设计也开始逐渐被企业重视，成为吸引顾客的新亮点。由于本书第 5 章已经讲解了包装造型设计的相关知识，因此本节的重点放在容器的重要结构——瓶盖的设计之上。

瓶盖主要起到保护密封、便于开启和重复密闭、便于倒出和使用、防伪防盗、传达信息、装饰美化等作用。瓶盖通过与瓶口的配合，紧固在瓶口上，为弹性内衬与瓶口的紧密接触及封合面提供必要的压力。瓶盖与弹性内衬配合，使弹性内衬得以固定和定位，能准确地与瓶口形成特定的配合关系。在进行瓶盖结构设计时，还要保证瓶盖与瓶口、瓶口与内衬、内衬与瓶盖相互之间结构和尺寸相配合。

由于瓶子的形态和材料不同，以及瓶盖的功用不同，瓶盖的材料、形状、结构、开启方式也不尽相同。根据瓶盖的功用不同，瓶盖主要分为四种类型：密封盖、方便盖、防伪防盗盖和儿童安全盖。

6.2.1 密封盖的容器结构设计

密封盖的主要功用就是密封，根据密封方式的不同，分为三种类型：普通密封型、真空密封型和压力密封型。

1. 普通密封型

普通密封型是指没有进行专门的耐压设计的密封结构。一般在瓶内留有顶隙，以满足内装物因温度升高而体积增大的容积要求，从而降低内部压力，避免因内部压力变化给瓶口密封带来不良的影响。主要有两种瓶盖形式：螺纹盖（见图 6-3）和搭扣盖（见图 6-4）。

图 6-3 采用螺纹盖的饮料瓶

图 6-4 采用搭扣盖的洗发水包装

（1）螺纹盖 螺纹盖是最常见的瓶盖形式之一，应用范围很广。事先加工出内螺纹，螺纹有单线和多线之分，如药瓶多用单线螺纹，罐头瓶多用多线螺纹。瓶盖的内螺纹与瓶口的外螺纹啮合，形成紧固的密封。螺纹盖一般至少要有一整圈的螺纹，以获得最强的密封可靠性。螺纹盖多是塑料盖，也有金属盖。

（2）搭扣盖　所谓搭扣，就是压向瓶口的搭扣紧紧咬合住瓶口的封锁环，使环缘的整个表面形成密封面。具有弹性的 LDPE 和 PC 瓶盖可与瓶口进行搭扣密封，多见于洗发水、护肤品、食品的包装。塑料的弹性越强，搭扣的密封性越好。

2. 真空密封型

真空密封型的容器没有顶隙但有一定的真空度，瓶盖及内衬是在一定压力作用下与瓶口形成紧密接触而实现密封的。真空密封有利于内装物的保存，可以延长保存期限，但要求瓶盖具有一定强度，只能使用配有橡胶圈或溶胶内衬的金属盖，由马口铁、铝、铝合金等制成，主要有两种瓶盖形式：凸耳盖和压合盖。

凸耳盖（快旋盖）瓶盖下缘内卷，形成若干耳状的凸台，紧扣住瓶口凸缘而将其封口。因其只需要旋转 1/4 圈，就可以旋上或旋下，故又称为快旋盖。凸台的数量根据瓶口的直径确定，并与瓶口螺纹数对应，一般为 2、3、4 或 6 个。凸耳盖多用于罐头、蜂蜜等广口瓶的封口包装（见图 6-5）。

图 6-5　采用凸耳盖的蜂蜜瓶

3. 压力密封型

压力密封型指容器的内装物对瓶口产生一定压强的密封结构，一般用于需要巴氏灭菌的啤酒瓶和碳酸饮料瓶。瓶口直径越大，承压面积越大，需要施加在瓶盖上的总压力就越大，则要求瓶盖的厚度就越大，能够承受最大内压力的瓶盖最大直径大约为 40mm。瓶盖形式主要有王冠盖和滚压盖两种，均由金属制成。

（1）王冠盖　王冠盖是一种具有 21～24 个波褶的浅型金属盖，主要用于啤酒、饮料的包装（见图 6-6）。王冠盖的波纹周边被挤压内缩，卡在瓶口的凸缘上将瓶子封口。开启时，需用

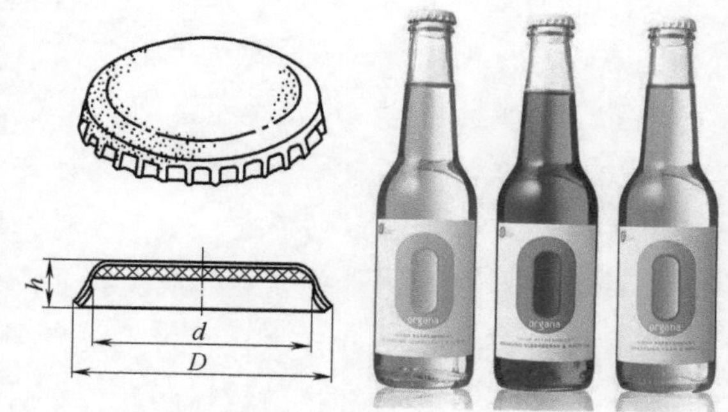

图 6-6　采用王冠盖的饮料瓶

启盖器，王冠盖属于一次性瓶盖，不可重新密封。

（2）滚压盖　瓶盖事先没有螺纹，通过滚压成形，加工出与瓶口螺纹形状完全相同的螺纹而将容器密封，多用延展性较好的铝材制成。这种盖子在启封时，沿裙部周边的压痕断开而无法复原，故又称“防盗盖”，多用于高档酒类、饮料的封口包装（见图 6-7）。

图 6-7　采用滚压盖的饮料瓶

6.2.2　方便盖的容器结构设计

1. 便于开启的方便盖

常见的便于开启的方便盖形式包括：易拉盖、推拉盖、铰链盖、肘节式转动盖等。

案例精讲 34

易拉罐开启方式的革新

易拉罐自问世以来，造型并无太大变化，其革新主要体现在开启方式上。大部分灌装饮品如汽水、啤酒等都注满二氧化碳，因此铝罐要承受的压力极大，约每 6.5cm^2 需要 50kg 的力度（约 490N），才能把拉盖开启，如何让使用者轻易将拉盖开启正是一大难题。易拉罐的开启方式主要经历了几个发展阶段，分别为分离拉环式、联体拉环式、按钮式和重复密封式。

（1）分离拉环式　最初的易拉罐设计是将一个拉环固定在事先划好的开盖带上，利用杠杆作用和刻划痕迹，首先拉起拉环，然后进一步拉开，将金属片拉离易拉罐顶部，金属片沿着刻划的痕迹撕开，留下来的开口从罐子边缘延伸到（或超过）易拉罐顶部中心，这样在饮用或倾倒饮料时，空气便能由开口进入罐内，让饮料轻松地流出。易拉罐拉环独特的设计一方面结束了钥匙型开罐器的时代，另一方面也将在罐顶上打两个不同三角形切口的开罐动作简化为一个“拉”的轻松动作（见图 6-8a）。

a) 分离拉环式

b) 联体拉环式

c) 按钮式

图 6-8　易拉罐开启方式的革新

但分离拉环式的结构存在很多弊端：①拉开所需气力较大，偶尔会发生拉环拉起但铆接位置断裂松动，导致瓶盖无法开启的情况；②拉开后的缺口锋利，有人被拉环割伤，另外有相当数量的儿童甚至是成人，把舌头伸到易拉罐口里，不幸卡住舌头，导致舌头被罐体上的开口严重割伤；③废弃的拉环尺寸小且锐利，不便于回收，产生了大量垃圾；④开启后，饮料或啤酒不能重新密封，若不能一次性喝完，则易影响口感或变质而只能倒掉，造成了浪费。

（2）联体拉环式　随着环保标准的提高和完善，易拉罐盖的结构由分离拉环式改进为联体拉环式（见图 6-8b）。该类易拉罐大约在 1980 年前后出现，是目前国内大多数啤酒罐仍然使用的开启方式。与分离拉环式相比，联体拉环式主要有三大优势：①在开启的时候是借助拉环杠杆的力量顺势压下瓶盖的，相对省力；②开盖带被翻入罐内，仍连接易拉罐，产生额外垃圾和误吞拉环等问题得到有效解决；③罐口的形状也由以前的近似三角形改成了椭圆形，有效避免了手或舌头被割伤的情况。但联体拉环式也存在一些问题：①开盖带被推入罐内，易污染饮料，不太卫生，有相当一部分人对此心有芥蒂；②重新密封的问题依然没有得到解决。

（3）按钮式　英国钢铁与马口铁公司联合其他欧洲钢铁制造商最新开发了一种 Ecotop 易拉罐，采用按钮式结构，首先按压小按钮，释放罐内的压力，然后按压大的按钮，打开喝饮料的开口，开启更为方便省力（见图 6-8c）。市场调查显示，83% 的受访人群偏爱这种按钮式易拉罐。

（4）重复密封式　易拉罐在易于开启方面做得非常出色，这也是其近几十年来广受消费者喜爱的一个原因，但是易拉罐有一个显而易见的弊端，即开启后不能够再密封，不能够像 PET 瓶一样重复开启和密闭，易造成浪费。

德国 Can2Close 公司新开发了一种能够重复密封的易拉罐盖，获得 2013 年慕尼黑商业计划竞赛奖项。该设计的创新在于将一个弹性的密封挡板和一个留置式的旋杆组装在一起，消费者在第一次开启后，还可以密闭保鲜，避免污染和泄漏，并易于运输携带。它的工作过程：任意角度旋转绿色的锁定杆，释放罐中的压力；当锁定杆从“锁定位置”旋转180°，到达“饮用位置”时，按压密封挡板，即可打开饮用口；将锁定杆重新旋转回“锁定位置”，关闭密封挡板（见图6-9）。该设计的好处在于既便于开启，又能重复密封，并给消费者带来了良好的饮用体验。

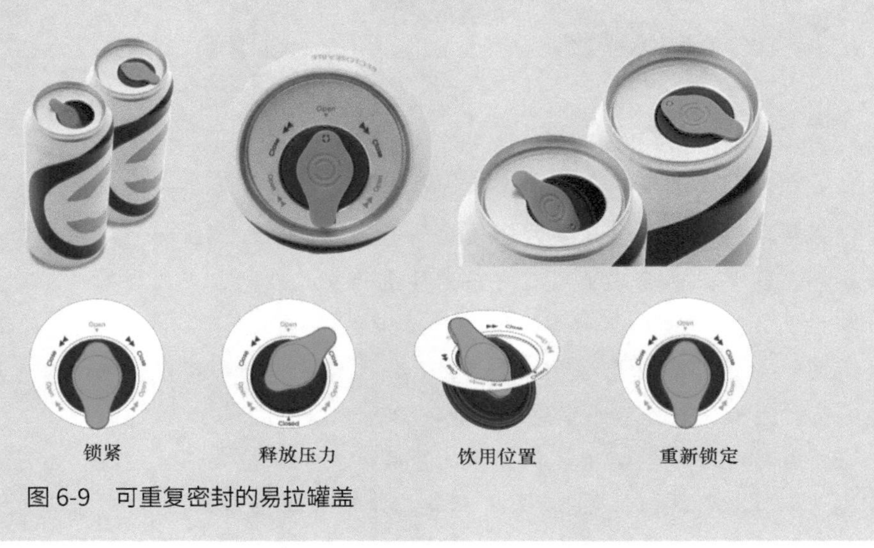

图6-9　可重复密封的易拉罐盖

2. 便于取用的方便盖

便于取用的方便盖主要是为了满足粉末状、片状、颗粒状、液体、气液混合体类的内容物使用时的特殊要求，如流出量可控制、易挤出、易倾倒、可淋洒、可喷雾等而设计的瓶盖。常见的有分配盖、滴管盖、涂敷盖、塞孔盖和喷雾盖等。

案例精讲 35

“粒粒出”口香糖独特的包装结构设计

调查发现，口香糖的主要消费群体是年轻人，他们喜欢并勇于尝试新鲜事物。嚼口香糖的目的是清新口气，还有打发时间。现有的瓶装口香糖包装结构较为单一，大多采用倒出式，没有体现品牌的差异化。而且，消费者在倒出时总是一下子倒出一大堆，不得不将多余的口香糖放回去，取用过程不方便、不卫生。

好丽友木糖醇“粒粒出”口香糖的专利包装则较好地解决了这一问题，它采用独特的双层圆柱体结构设计，外瓶为PP材质，内胆为PET透明材质，保证每次只出一粒，既方便又卫生（见图6-10）。为了便于消费者正确地开启和使用，瓶盖上面印有简洁的示意图、序号、说明文字，并辅以醒目的色块。

瓶盖中心还有一个小的防尘盖，边缘有圆形的凸起，盖的周围有凹陷，暗示消费者在此处掀开防尘盖，露出一次性拉环；拉环的直径符合食指的尺寸，方便提拉，掀开拉环后，则露出内层的推送口；撕开撕拉条后，瓶盖与瓶身分离，然后向上提起大瓶盖再放下，则会在推送口处出现一粒口香糖。当口香糖全部使用完以后，可拉出内胆，装入简易包装的口香糖，实现包装的重复性使用。好丽友“粒粒出”口香糖凭借其独特而细致的包装结构设计，为消费者带来全新的使用体验，从众多的口香糖品牌中脱颖而出。

图 6-10　“粒粒出”口香糖独特的包装结构设计

6.2.3　防伪防盗盖的容器结构设计

常用的防伪包装技术有以下几种：防伪标签、防伪印刷、防伪材料和防伪结构设计。随着造假者仿造能力的提高，一些防伪标识已经失去了原有的防伪功能，包装的防伪方式也开始由单一的加贴防伪标识，向包装材料防伪、包装结构设计防伪、包装印刷防伪方向转变。防伪与防盗技术结合得越来越紧密，已经成为国际流行的防伪趋势之一，出现了破坏性防伪瓶盖、收缩膜覆合激光防伪箔和库尔兹防伪标签等新技术。

1. 破坏性防伪瓶盖

破坏性防伪瓶盖是指在瓶盖上进行特殊设计，在开启时会留下痕迹，无法复原，以避免非法开启破坏、盗用内装物，或伪造假货。破坏性防伪瓶盖主要包括扭断式螺纹盖（适用于水、饮料）、锁圈破断式滚压盖（适用于酒）、撕拉箍式瓶盖（适用于口香糖）、内封撕开式组合盖（适用于食用油、调味品）和内（外）封膜防窃启瓶盖（适用于药物）等。

2. OVD 定位烫印合成一次性防伪瓶盖

OVD（光学可变图像）定位烫印合成一次性防伪瓶盖是由国际著名防伪产品供应商库尔兹开发的一种专利技术，即直接将光学可变图像 OVD 烫印在瓶盖指定位置上，不仅图案效果明显新颖，增加装潢效果，而且对套准度的严格要求也增加了防伪度。当酒瓶开封后，瓶盖的 OVD 图案会被破坏，防止酒瓶被回收重用。

6.2.4 儿童安全盖的容器结构设计

通过有目的地改变包装的结构，可以大大提高包装商品的安全性。包装的安全性主要是针对未成年儿童和智力低下及障碍人士开发的，这种包装称为“儿童安全包装”（Child-Resistant Packaging，CRP）。

据统计，在英国每年仅儿童误食药品中毒事件，就高达45000件次。为了防止儿童误食药物，不少国家对药品药物的包装有很严格的要求。1970年，美国颁布《毒物安全包装条例》，由消费品安全委员会负责执行。该条例明确规定，药品若按出厂包装直接给予消费者，生产商和包装商就有责任采用儿童安全包装。1974年，美国再次立法强制要求所有口服药采用可防儿童开启的安全包装。

针对儿童认知能力有限、力气小等特征，儿童安全包装可以设计成需要使用一点技巧或力气开启的瓶盖等形式，从而防止儿童误服，避免造成伤害；同时，包装还要便于成人的开启使用。儿童安全包装比普通包装结构更复杂，成本也更高。

目前在美国，药物包装已经普遍采用安全设计。有关数据显示，药物包装采用安全设计后的近20年内，美国5岁以下儿童因药物中毒导致的死亡率降低了45%。澳大利亚规定采用药品安全包装后，儿童中毒死亡率也显著下降。由此可见，药物包装安全设计可以大大降低潜在的安全隐患。

儿童安全盖主要包括以下几种结构形式。

（1）压扭式瓶盖　压扭式瓶盖是一种两件套的复合式瓶盖，由一个小的内螺纹盖和一个大的外盖组成（见图6-11），是一种在药物中普遍采用的安全形式。小盖的内螺纹可与瓶口旋紧，小盖外部有一圈活动的齿轮可与大盖内部的一圈活动齿轮啮合。开启这种瓶盖时，需要先按下瓶盖，使小盖齿轮与大盖齿轮啮合，然后再旋转，才可开启整体瓶盖；如果只是旋转不按压，则会发出咔嗒咔嗒的警报声音。

（2）掀开式瓶盖　掀开式瓶盖也是较流行的儿童防护瓶盖，使用时要求瓶盖与瓶上的记号（箭头）对准，然后在瓶子凸缘缺口处掀开瓶盖的凸耳，才能将包装打开（见图6-12）。

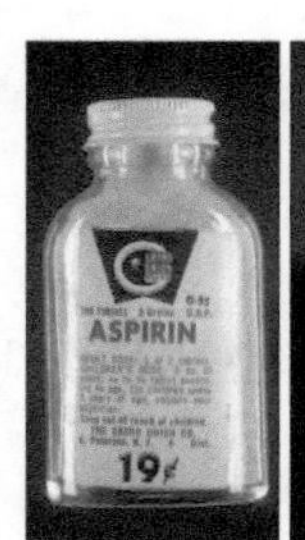

图6-11　采用压扭式瓶盖的阿司匹林包装

图6-12　采用掀开式瓶盖的安全包装

（3）泡罩式包装　泡罩式包装是一种可控制剂量的热压成形的包装形式，通过简单的挤压即可取出内装物，通常以单层硬质铝箔作为药品托板。若以此作为儿童安全包装，其防护性能显然是不理想的。但利用儿童只执行一次行为动作的特点，在原有传统泡罩包装基础上，将其设计为通过两次动作才能取出药品的结构，人为造成一定程度的开启障碍，就能为儿童安全起到较强的保护作用，而这种结构对于成年人的取药动作和结果并不会造成太大影响（见图6-13）。

图6-13　泡罩式安全包装

（4）拉拔式瓶盖　拉拔式瓶盖是由下部带有两个向内凸起的舌头的外瓶盖与内塞组成瓶盖密封，需用一定的力拉拔，以克服内塞与瓶口间的摩擦力，而这些动作儿童难以完成，因此也防止了儿童的误服。

（5）迷宫式瓶盖　迷宫式瓶盖是一种依靠智力技巧才能开启的瓶盖，分为单盖和双盖两种，均设有迷宫式螺旋线，前者的迷宫式螺旋线设计在瓶身上，后者设计在瓶口外围。双盖式迷宫盖要求成年人在辨认和记住一系列动作以走通迷宫后，通过外盖带动内盖才能达到开启效果。此外还有依靠智力技巧开启的，以及单剂量的药物防儿童包装。

（6）卡口片防童瓶盖　其原理类似于插口式灯座，瓶盖内壁均匀分布两小凸块（直径2~3mm），瓶口上设计有方向连续曲折的凹槽。成年人可按瓶体上指示记号开启瓶盖。儿童在摆弄时，仅觉得瓶盖可有限转动，由于其辨识能力有限，很难通过两次不同方向的连续转动而打开瓶子。

案例精讲36

创意瓶盖设计与营销

瓶盖虽小，但与出色的营销相结合，也可以成为创意的主角。日本饮料品牌三得利凭借瓶盖创新，品牌关注度暴涨500倍。由于日语中“222”的发音与猫咪的可爱叫声非常相似，因此日本人把每年2月22日称为“猫之日”。日本人提出一个“猫咪经济学”的概念：不管是什么产品，只要与猫咪关联，就能销量暴涨。三得利公司在2019年的猫之日，发布了一款猫咪形状瓶盖，其实就是在常规瓶盖的基础上加上两只“猫耳朵”，但造型特别可爱（见图6-14）。

图6-14　三得利猫耳朵瓶盖

三得利在此创意基础上，针对生活中8类使用场景，设计出8款不仅可爱而且具有实用性的创新瓶盖，给消费者带来新奇的使用体验。创新瓶盖分别为药盒瓶盖、眼镜支架瓶盖、按摩器瓶盖、手机支架瓶盖、猫叫瓶盖、猫爪弹球瓶盖、存钱罐瓶盖和喷壶瓶盖。该系列创意瓶盖引起网友们的热烈讨论，在三得利官方社交媒体中，当条广告的点赞数达到21.6万，而三得利日常广告的点赞数只在400左右。

2020年9月，金典有机奶联名卢浮宫推出一套“金典 × 卢浮宫联名限量版”，将断臂维纳斯、胜利女神像等卢浮宫“镇馆之宝”做成瓶盖（见图6-15）。华丽的限量版礼盒以卢浮宫极具辨识度的玻璃金字塔为创意灵感，镶嵌式的牛奶摆放增强整体艺术质感。瓶身采用网格的排版手法，以饱和的彩色笔触勾勒含有几何元素的雕塑人物，实现了艺术、品牌与消费者的跨时空对谈。而消费者在喝奶的同时，也能获得艺术的熏陶。

图6-15　“金典 × 卢浮宫联名限量版”牛奶包装设计

案例精讲 37

变废为宝的可口可乐系列瓶盖设计

为了鼓励人们回收并重新利用丢弃物，可口可乐公司联合奥美中国在泰国和越南发起了一次名为“第二生命”（2nd Lives）的活动，作为其全球可持续发展计划的一部分。在该活动中，可口可乐公司为人们免费提供16种功能不同的瓶盖（见图6-16），只需将瓶盖拧到旧可乐瓶子上，就可以把瓶子变成水枪、笔刷、照明灯、转笔刀、喷壶和哑铃等，从而将喝完的可乐瓶变废为宝，带给人们多种使用体验。

图 6-16　变废为宝的可口可乐系列瓶盖

6.3　纸包装结构设计

纸包装的突出优点之一就是可以折叠，由于折叠纸盒大多数是由一张纸切压、折叠而成的，所以呈现出来的造型也多为有棱角的各种棱柱体或圆柱体。随着纸材料及其加工技术的不断发展，纸包装设计突破了以往纸包装造型的局限性，形态日趋多样，更具创意表现力，主要的包装形式包括纸盒、纸箱、纸袋、纸罐、纸瓶和纸杯等。

6.3.1　纸包装材料的选用要素

在纸包装材料中，常用的制作纸盒的板纸有白板纸、黄板纸和色板纸三种，在商品包装中，使用最多的是涂层白板纸。白板纸按质量分类有250g、300g、350g、

400g、450g 等各种规格，它有光滑、平整、洁白的表面并适宜印刷加工和机械生产，有较轻的自重，以及便于保管、运输等优点。纸包装可单独加工成形，也可以与塑料、铝等材料复合成形。在纸包装设计中，尤其要注意了解和熟悉材料的性能，如张力、抗撕力、柔软度、厚度、耐折性、光滑性和承重性等，只有充分地认识和掌握材料性能，才能设计出适合生产的包装结构造型。

1. 容积与质量因素

在纸包装设计时，可以根据纸盒容积及内装物质量，选择适当厚度的纸板（见表 6-1）。

表 6-1　纸盒选取纸板厚度表（内装物不承重）

纸盒容积 /cm^3	内装物质量 /kg	纸板厚度 /mm	纸盒容积 /cm^3	内装物质量 /kg	纸板厚度 /mm
0 ~ 300	0 ~ 0.11	0.46	1800 ~ 2500	0.57 ~ 0.68	0.71
300 ~ 650	0.11 ~ 0.23	0.51	2500 ~ 3300	0.68 ~ 0.91	0.76
650 ~ 1000	0.23 ~ 0.34	0.56	3300 ~ 4100	0.91 ~ 1.13	0.81
1000 ~ 1300	0.34 ~ 0.45	0.61	4100 ~ 4900	1.13 ~ 1.70	0.91
1300 ~ 1800	0.45 ~ 0.57	0.66	4900 ~ 6150	1.70 ~ 2.27	1.02

2. 成本因素

在纸包装设计中，还应注意根据纸板的尺寸合理利用材料，以减少成本。设计师对材料的认识除了从书本文字资料中获得外，还要通过具体实践，对各种结构进行强度、冲裁等适应性试验来进行验证。只有这样，才能把握结构设计与材料的合理关系。

3. 形态因素

在材料选用时，首先应当考虑内装物品的具体情况，比如考虑内装物品是多水分物品、湿性物品、液体物品还是固体物品，是高脂肪物品还是冷冻物品等。必须注意品质保护性、安全性、操作性、方便性、商品性和流通性事项。另外，还要考虑商品的用途、销售对象和方式、运输条件等。

6.3.2　纸包装的绘图设计符号

纸包装设计符号与计算机代码由欧洲瓦楞纸箱制造商协会 / 欧洲硬纸板组织（FEFCO/ESBO）制定，国际瓦楞纸箱协会（LCCA）批准该标准在国际通用（见表 6-2），其中计算机代码是自动绘图仪的线型命令。

表 6-2 FEFCO/ESBO 规定的纸包装设计符号

序号	名称	绘图线型	计算机代码	功能	模切刀型	应用范围
1	单实线	——————	CL	轮廓线	模切刀 模切尖齿刀	纸箱（盒）立体轮廓可视线
				裁切线		纸箱（盒）坯切断
2	双实线	══════	SC	开槽线	开槽刀	区域开槽切断
				软边裁切线	波纹刀	① 盒盖插入襟片边缘波纹切断 ② 盒盖装饰波纹切断
3	波纹线	～～～～～	SE	瓦楞纸板剖面线	波状刃刀	瓦楞纸板纵切剖面
4	单虚线	----------	CI	内折压痕线	压痕刀	① 大区域内折压痕 ② 小区域内对折压痕
5	点画线	-·-·-·-·-	CO	外折压痕线	压痕刀	① 大区域外折压痕 ② 小区域外对折压痕
6	双虚线	===========	DS	对折压痕线	压痕刀	大区域对折压痕
7	三点点画线	...—...—...—	SI	内折切痕线	模切压痕组合刀	大区域内折间歇切断压痕
8	两点点画线	—··—··—··—	SO	外折切痕线	模切压痕组合刀	大区域外折间歇切断压痕
9	点虚线	....	PL	打孔线	针齿刀	方便开启结构
10	波浪线	˽˽˽˽˽˽˽˽˽˽	TP	撕裂打孔线	拉链刀	方便开启结构

6.3.3 纸包装结构设计的基本原理

1. 纸包装结构的要素

无论采用何种材料的包装容器，其结构体都可以认为是点、线、面和体要素的组合，但是对于折叠纸盒、粘贴纸盒与瓦楞纸箱这类纸包装，由于是通过平面纸板成形的，除点、线、面和体外，角是又一个十分重要的结构要素。

（1）点　包括多面相交点、两面相交点和平面点。

（2）线　从适应自动化机械生产的角度来说，纸包装压痕线分为两类：预折线和工作线。

（3）面　因为平面纸页成形的原因，纸盒（箱）面只能是平面或简单的曲面。从成形的因果看，可分为两类：固定面和组合面。

1）固定面。固定面是独立板成形的面，如管式盒体侧面与端面、盘式盒底面等，每个板一般应有2条及以上压痕线。

2）组合面。组合面是由若干个板或襟片相互配合而成形的面，需要采用锁、粘、插等方法进行固定，这些板或襟片一般只有1～2条压痕线。

（4）体　从纸包装成形方式上看，其基本的结构体可分为三类：旋转成形体、对移成形体和正-反掀成形体。

1）旋转成形体。通过旋转方法而由平面到立体成形，如图6-17a所示，管式、盘式、管盘式纸盒（箱）属此类。

2）对移成形体。通过盒坯两部分纸板相对位移一定距离而由平面到立体成形，如图6-17b所示，非管非盘式纸盒属此类。

3）正-反掀成形体。就是在纸包装盒体上有若干两面相交的结构点（正-反掀点），在一组结构交叉线中同时包括裁切线、内折线和外折线。利用纸板的耐折性、挺度和强度，在盒体局部进行内-外折，内折即正掀，外折即反掀，从而形成将内装物固定或形成间壁的结构，如图6-17c所示。

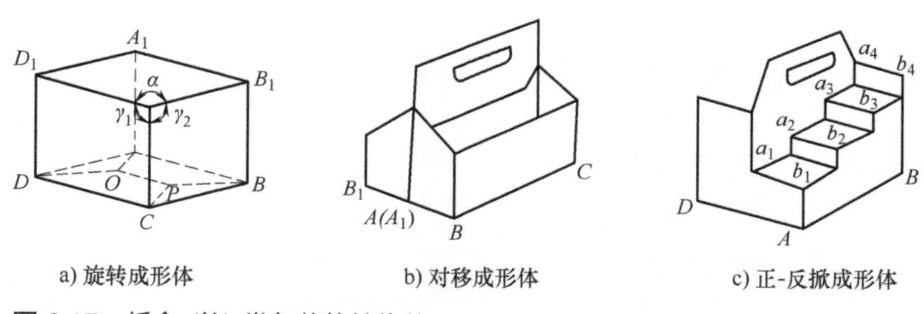

图6-17　纸盒（箱）类包装的结构体

（5）角　相对于其他材料成形的包装容器，点、线、面等要素所共有的角是旋转成形体类的纸包装成形的关键。

2. 纸包装结构设计的“三·三”原则

“三·三”原则是指整体设计三原则、结构设计三原则和装潢设计三原则。

（1）整体设计三原则

1）应满足消费者在决定购买时，首先观察纸盒包装的主要装潢面（即包括主体图案、商标、品牌、厂家名称及获奖标志的主要展销面）的习惯；或者满足经销者在进行橱窗展示、货架陈列及其他促销活动时，让主要装潢面面对消费者，以给予最强视觉冲击力的习惯。

2）应满足消费者在观察或取出内装物时由前向后开启盒盖的习惯。

3）应满足大多数消费者用右手开启盒盖的习惯。

（2）结构设计三原则

1）折叠纸盒接头应连接在后板上，在特殊情况下可连接在能与后板黏合的端板上。除非万不得已，一般不要连接在前板或能与前板黏合的端板上。

2）纸盒盖板应连接在后板上（黏合封口盖板、开窗盒盖板除外）。

3）纸盒主要底板一般应连接到前板上。这样当消费者正视纸盒包装时，观察不到因接缝而引起的外观缺陷，也不会给消费者由后向前开启盒盖取内装物带来不便。

（3）装潢设计三原则

1）纸盒包装的主要装潢面应设计在纸盒前板（管式盒）或盖板（盘式盒）上，说明文字及次要图案设计在端板或后板上。

2）当纸盒包装需直立展示时，装潢面应考虑盖板与底板的位置。整体图形以盖板为上、底板为下（此情况适用于内装物不宜倒置的各种瓶形的包装），开启位置在上端。

3）当纸盒包装需水平展示时，装潢面应考虑消费者用右手开启的习惯。整体图形以左端为上、右端为下，开启位置在右端。

6.3.4　折叠纸盒的结构类型

折叠纸盒是应用最广、造型变化最为丰富的一种销售包装，它是用厚度在0.3～1.1mm之间的耐折纸板，或B、E、F、G等细型瓦楞纸板折叠而成的，在装运商品前可以平板状折叠堆码进行运输和储存。耐折纸板两面均有足够的长纤维，以产生必要的耐折性能和足够的抗弯强度，使其折叠后不会沿压痕处开裂。耐折纸板主要品种包括马尼拉纸板、白纸板、盒纸板、挂面纸板、牛皮纸板、双面异色纸板、玻璃卡纸及其涂布纸板等。

折叠纸盒的结构通常可分为三大类：管式纸盒、盘式纸盒和特殊纸盒。

1. 管式纸盒

管式纸盒的盒盖在其他各盒面中是面积最小的，在日常生活中使用最为广泛。

（1）管式纸盒的盒盖结构类型

1）摇盖插入式。这种盒盖通常由三部分组成，即一个盖板和两个防尘翼。封闭时，将盖板的舌头插入两个防尘翼和盒体的缝隙之中，通过纸板之间的摩擦作用闭合。摇盖插入式纸盒便于消费者在购买前开启观察，以及多次取用。为了克服这类包装易于自开的缺陷，以及便于机械化包装，现在在盖板和防尘翼之间增加了锁合结构。根据插入的方向，分为直插式和反插式。直插式指的是上盖板和下底板的插入方向一致，而反插式则插入方向相反（见图6-18）。

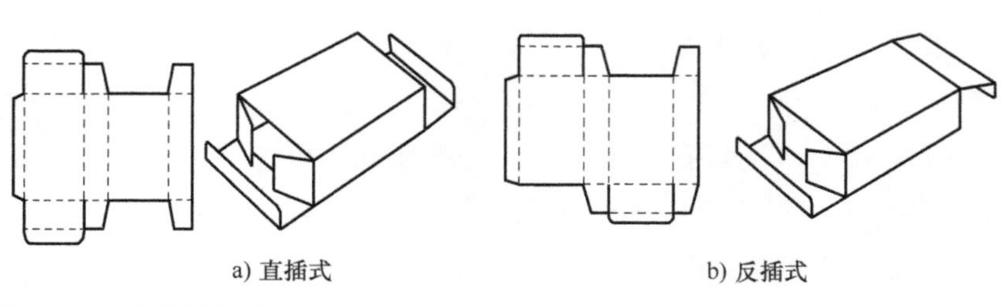

图 6-18　摇盖插入式

2）摇盖双保险插入式。这种盒盖在上盖板的盒盖和舌头转折处切口，将盒体正立面的另一个舌头插入摇盖的切口处，形成双重咬合的结构，达到牢固闭合的目的（见图 6-19）。

3）锁合式。这种盒盖通过襟片与襟片或襟片与体板之间相互咬合，封口比较牢固，但组装与开启稍有些麻烦（见图 6-20）。

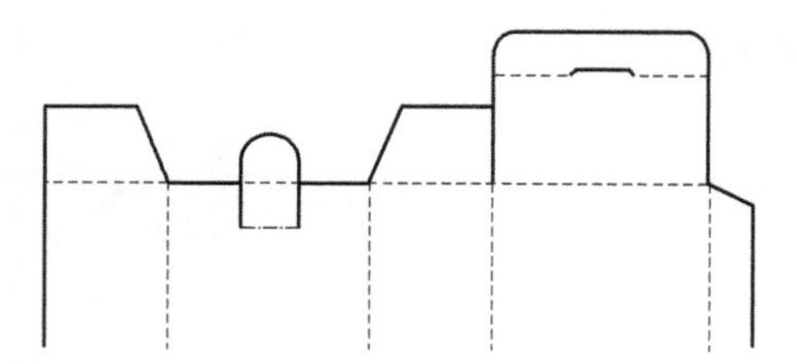

图 6-19　摇盖双保险插入式

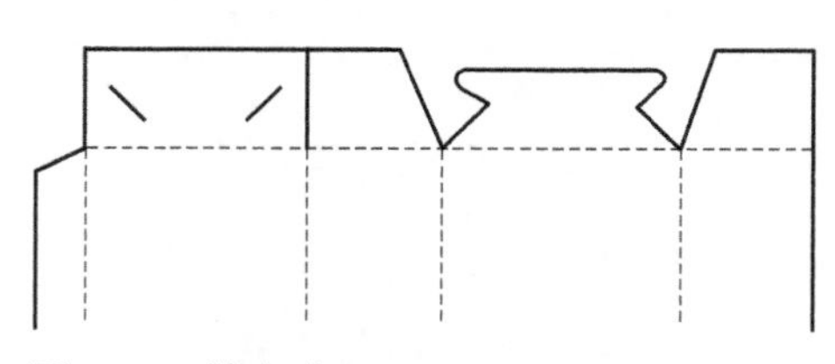

图 6-20　锁合式

4）黏合封口式。这种盒盖上盖板与盒体为黏合封口，密封性和保护性好，适合自动化机器生产，但不能重复开启，主要适用于包装粉状、粒状的商品，如洗衣粉、食品和奶粉等（见图 6-21）。

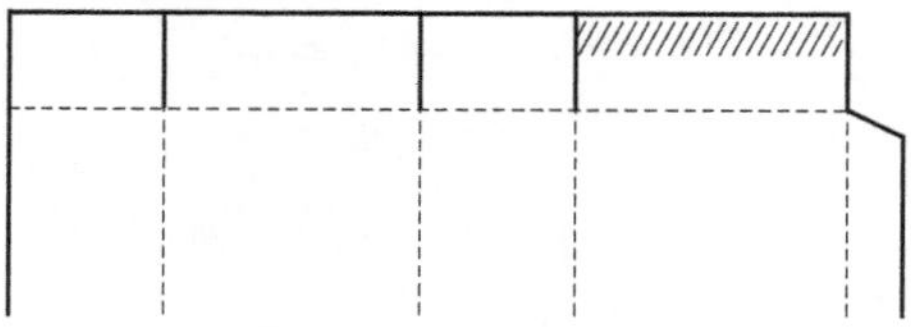

图 6-21　黏合封口式

5）防伪破坏式。这种盒盖在黏合封口的基础上，增加齿状裁切线，便于消费者开启包装的同时，破坏包装结构，以防止有人利用包装进行仿冒等活动，主要用于药品包装和食品包装（见图 6-22）。

6）连续摇翼窝进式。这种锁合方式造型优美，盒盖形似花瓣，极具装饰性，但手工组装和开启较麻烦，适用于礼品包装（见图 6-23）。

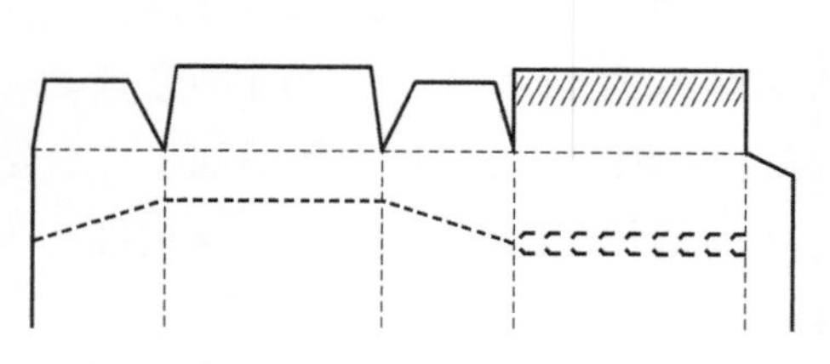

图 6-22　防伪破坏式

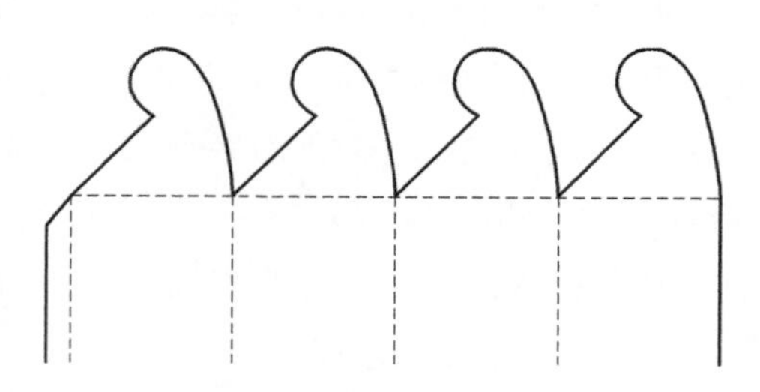

图 6-23　连续摇翼窝进式

（2）管式纸盒的盒底结构类型　由于盒底承受着商品的重量，因此要保证其牢固性；另外在装填商品时，无论是机器填装还是手工填装，结构简单和组装方便都是基本的要求。管式纸盒的盒底主要包括以下几种结构：别插式锁底、自动锁底（自封底纸盒）、摇盖插入式封底和间壁式封底。

1）别插式锁底。利用底部的四个襟片相互咬合，通过“别”和“插”两个步骤来完成（见图 6-24）。该结构组装简便，有一定的承重能力，不易自开启，在管式结构纸盒包装中应用较为普遍。

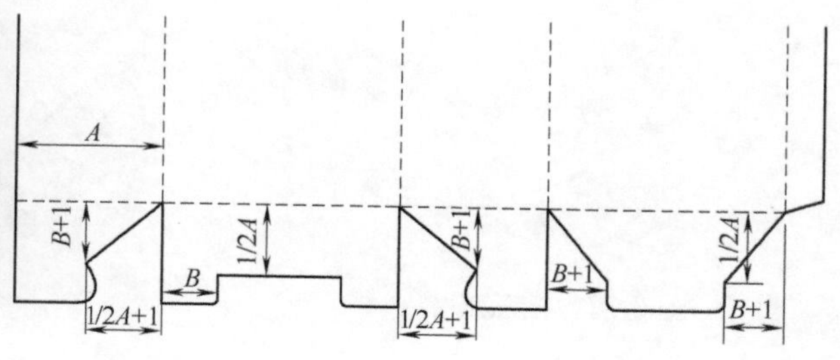

图 6-24　别插式锁底

2）自动锁底。采用了预粘的加工方法，但粘接后仍然能够压平，使用时只要撑开盒体，盒底就会自动恢复锁合状态。该结构使用极其方便，省时省工，并且牢固，具有良好的承重力，适用于自动化生产（见图 6-25）。

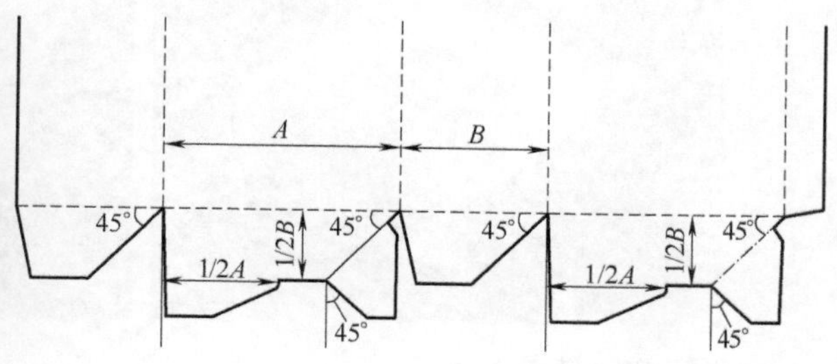

图 6-25　自动锁底

3）摇盖插入式封底。其结构同摇盖插入式盒盖完全相同，这种结构使用简便，但承重力较弱，通常适用于包装食品、文具、牙膏等小型或重量轻的商品。

根据以上常用的基本盒型结构，还可以演变出其他的一些封底结构形式（见图 6-26）。

图 6-26　其他的管式纸盒封底结构

2. 盘式纸盒

盘式纸盒是由纸板四周以直角或斜角折叠成主要盒型，有时在角隅处进行锁合或黏合。这种纸盒在盒底上通常没有什么变化，主要结构变化体现在盒体部分。

盘式纸盒一般高度较小，开启后商品的展示面较大，多用于包装纺织品、服装鞋帽、食品、电子产品、工艺品、礼品等商品。

盘式纸盒主要包括以下几种结构形式：摇盖式、罩盖式、锁合式、间壁式、抽屉式和书本式。

（1）摇盖式　在盘式纸盒的基础上，延长其中一边设计成摇盖，其结构特征与管式纸盒的摇盖类似（见图 6-27）。

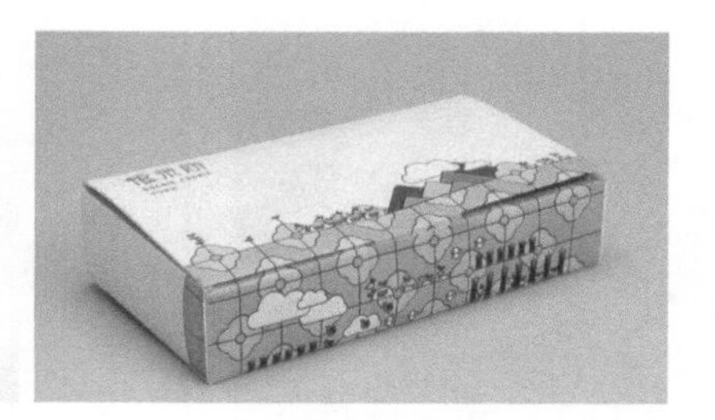

图 6-27　摇盖式

（2）罩盖式　盒盖和盒体是两个独立的上下盘型结构，盒盖的长度和宽度尺寸比盒体略大一些。按照盒体的相对高度不同，罩盖式又可分为天罩地式、帽盖式和对口盖式三种结构类型（见图 6-28），常见于服装鞋帽和礼品等商品的包装。

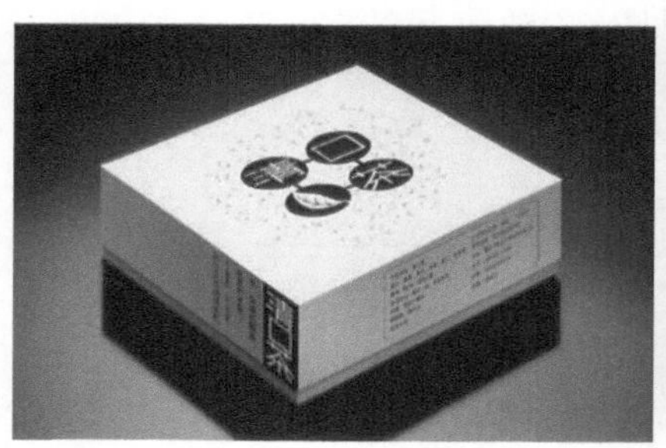

图 6-28　罩盖式

（3）锁合式　由于襟片与襟片或襟片与体板之间相互咬合，因此封口比较牢固（见图 6-29）。

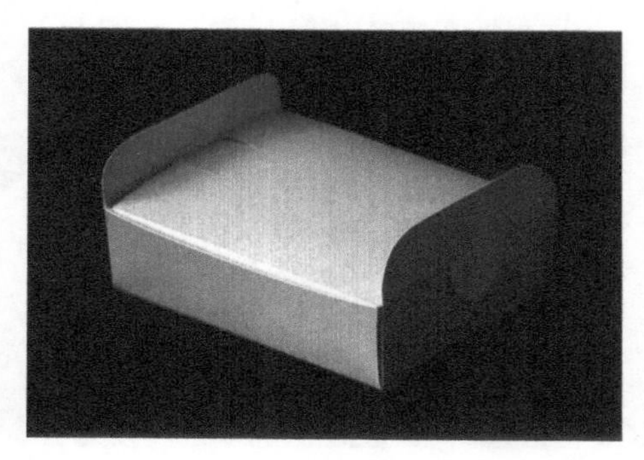

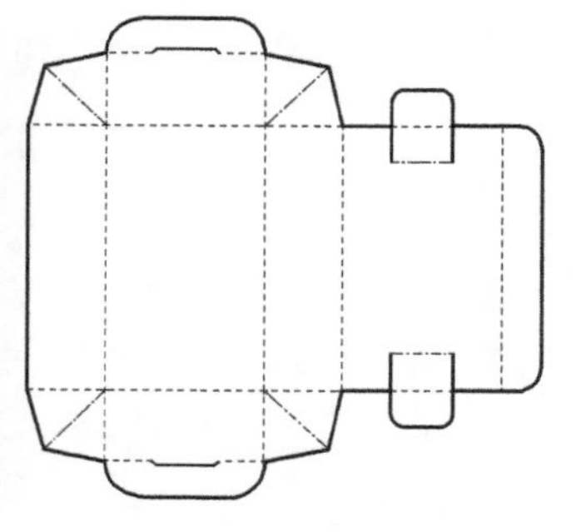

图 6-29　锁合式

（4）间壁式 通过特殊的设计，形成加厚的壁和间隔，并能够有效地分隔固定多个小件，节省空间，展示效果好，而且承重较好（见图 6-30）。

（5）抽屉式 盒体和盒盖为两个独立的里外盘型结构，抽屉有单层的，也有多层的，承重较好（见图 6-31）。

图 6-30 间壁式

图 6-31 抽屉式

（6）书本式 开启方式类似于精装图书，摇盖通常没有插接咬合，而通过附件来固定（见图 6-32）。

图 6-32 书本式

3. 特殊结构纸盒

特殊结构纸盒是指不同于管式与盘式结构的纸盒，充分利用纸的特性和成形特点，可以创造出新颖别致的纸盒结构。特殊结构的设计手法主要包括手提式、拟形式、吊挂式、开窗式、集合式、POP 式和异形变化等。

（1）手提式 目的是便于消费者携带，通常有两种形式：一种是盒体和提手是分体式结构，提手通常采用综合材料，如绳、带等（见图 6-33a）；另一种是盒体和提手是一体式结构，利用一张纸成形的方法，形成一个扣手（见图 6-33b）。

（2）拟形式 模拟人物、动植物、自然界事物及人造事物等形态，通过简洁概括的手法，给人以亲切、趣味感和吸引力（见图 6-34）。

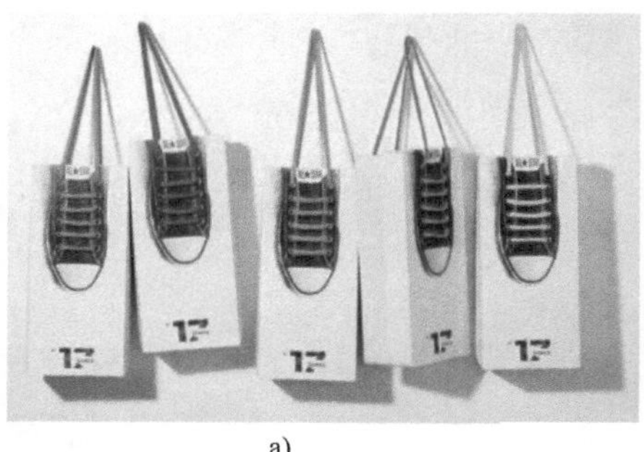

a)

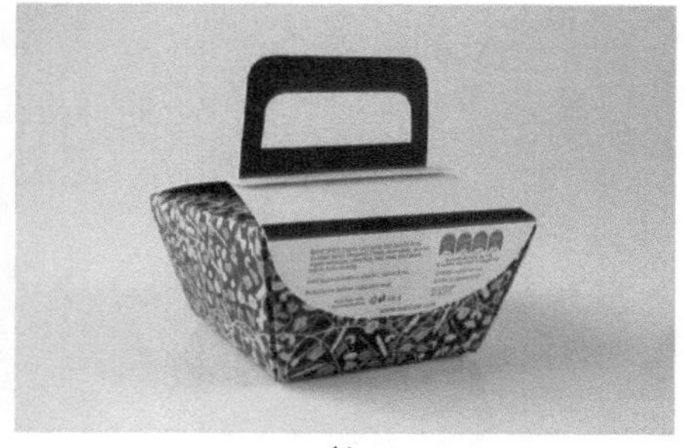

b)

图 6-33 手提式

图 6-34 拟形式

（3）吊挂式 在纸盒上设计出挂孔，能够使电池、牙刷、文具等小商品整齐地挂在货架上，节省空间，并以最佳的位置和视角出现（见图 6-35）。

（4）开窗式 开窗式结构能够使消费者直接看到包装里的商品，开窗的位置、形状和大小比较自由（见图 6-36）。需要注意的原则：①不能破坏包装结构的牢固性和保护性；②不能影响品牌的视觉传达；③注意开窗的形状与商品露出部分，以及窗口周围图案的视觉协调性。

图 6-35 吊挂式

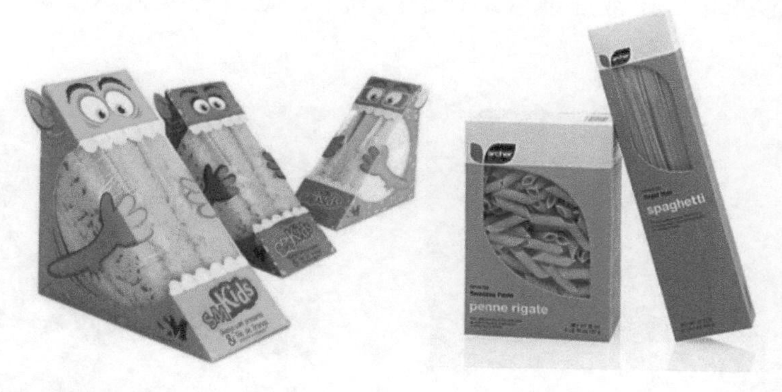

图 6-36 开窗式

（5）集合式　将多件商品或多个单体包装集合在一个大包装之内（见图 6-37），可有效保护内部商品，同时便于消费者携带，也可促进多件或多种商品的销售，主要用于啤酒、牛奶、饮料、鸡蛋、水果和礼品等商品的包装。

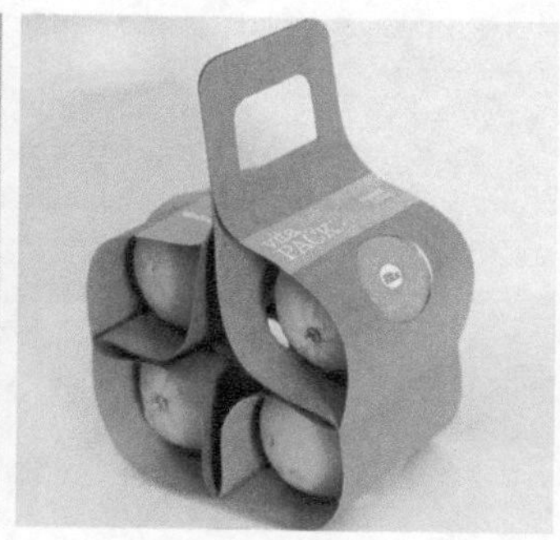

图 6-37 集合式

（6）POP 式　POP 式结构是一种广告式商品销售包装，利用商品包装盒盖或盒身部分进行广告宣传，多陈列于商品销售点，是有效的现场广告手段（见图 6-38）。有的采用敞开式包装，商品外露；有的则采用一板成形的“展开式”折叠纸盒，打开包装后会变化成一种特殊的陈列形式，展示盒内的商品。

图 6-38 POP 式

（7）异形变化　在常规纸盒结构的基础上，通过一些特殊手法产生变化（见图 6-39）。

图 6-39　异形变化

案例精讲 38

便携式橡胶把手的包装设计

把手是生活中随处可见的事物，在公共交通工具、机场、医院，健身中心等场所，把手是人们频繁触碰的地方，但其卫生情况常常被人忽视，会造成疾病的间接传播。Pandle 是一种注入纳米银抗菌材料的便携式橡胶手柄，包裹在公共把手上，将手插入其提手，可以避免手与公共把手直接接触，隔离病菌。Pandle 原有的产品、包装和使用场景如图 6-40 所示，包装设计存在着浪费材料、体积较大、视觉效果不突出等问题。

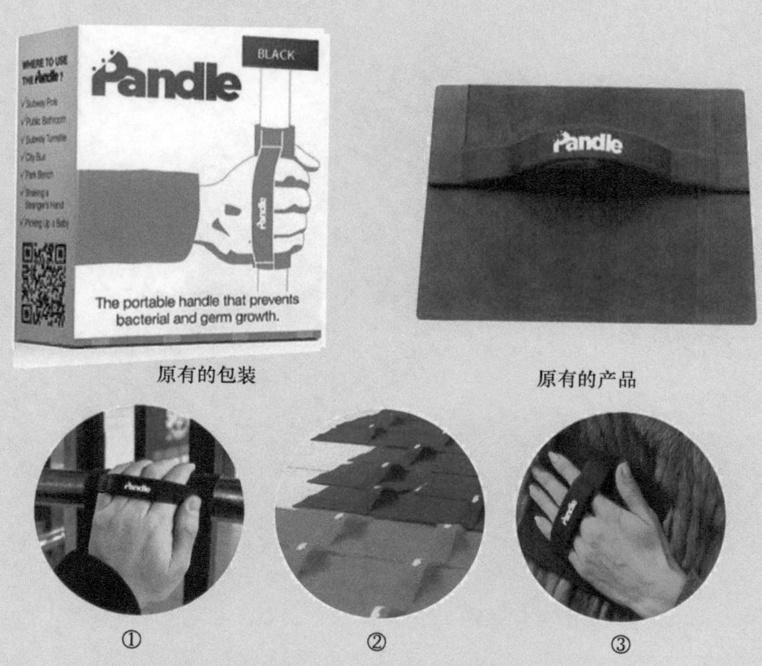

图 6-40　Pandle 原有的产品、包装和使用场景

针对上述问题，进行全新的纸包装设计。新包装为吊挂式模切纸板，大大节省材料的成本和包装体积，且便于展示售卖，有多种颜色，迎合不同消费者的色彩喜好，并区分不同的适用场合，如图 6-41 所示。将 Pandle 和模切纸板相互穿插，模切纸板插入底板的切口固定，模切纸板为手形，印有手的图案，底板上印有把手图案，形象化地向消费者展示如何使用 Pandle（见图 6-42）。Pandle 与模切纸板形成强烈的色彩对比，引人注目，凸显了产品本身。

图 6-41　Pandle 新包装系列

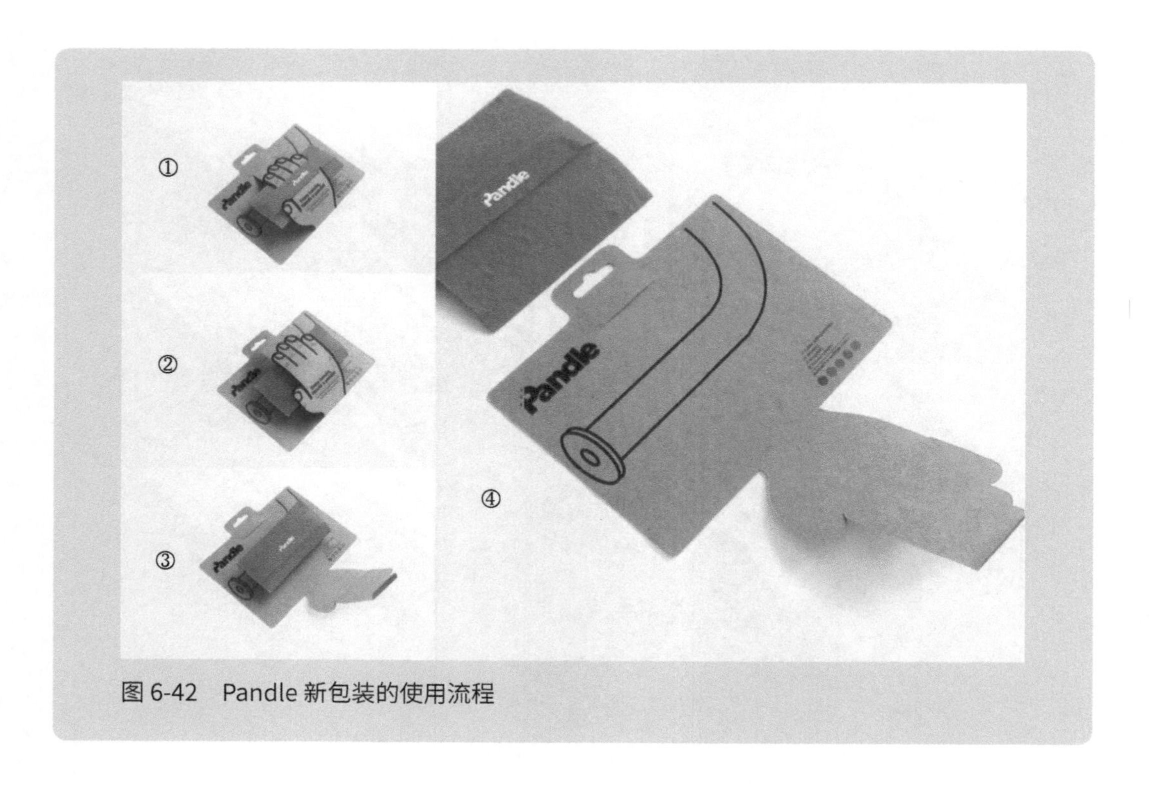

图 6-42 Pandle 新包装的使用流程

思考练习题

1. 掌握纸包装结构的主要类型，练习绘制纸包装的平面展开图。

2. 设计一款特异结构的折叠纸盒，绘制效果图及平面展开图，并折出实物纸盒。

第7章

包装装潢设计

包装装潢设计是指运用美学法则和构成设计原理，将图形、色彩、文字、商标等要素进行总体编排构成的设计。它的作用在于美化和宣传商品，提升商品的艺术和商业价值。包装装潢设计就其本质而言，是将商品的信息通过一定的形象或符号表现出来，传递给消费者，从而达到销售的目的。

包装装潢设计是表现在极为有限的方寸之地上的，且在销售过程中只能与消费者进行瞬时的接触，因此包装装潢设计必须突出主题和特色，采用醒目的色彩和图案，能够在非常短暂的时间内给消费者留下深刻的印象，这是由包装装潢的时空局限性所决定的。成功的包装装潢设计主要取决于两方面：一是能有效地传达商品信息，二是传播信息生动活泼、引人注目。包装装潢设计主要包括四个方面的内容：图形设计、文字设计、色彩设计和版式设计。

7.1 包装的图形设计

7.1.1 图形设计的常用手法

图形是最具表现力，也是最容易吸引消费者注目的设计要素，因此在包装设计中，多将图形作为主体形象进行设计。图形按性质可分为具象图形、抽象图形和装饰图形，按制作手段则可分为摄影图形、插图图形和计算机图形。可分别从以下的切入点，将其作为主体形象进行包装装潢设计。

1. 品牌标志

对于著名品牌的商品包装，将品牌标志作为视觉传达的主要图形是很有效的设计方法。因为品牌标志既是一个商品身份的象征和质量的保证，又是商品与消费者之间的桥梁，在认牌购物的消费心理越来越趋向成熟的今天，突出品牌形象就显得尤为重要。

案例精讲 39

香奈儿护肤品包装

香奈儿是法国著名奢侈品品牌，1910 年由 Coco Chanel 在法国巴黎创立。该品牌产品种类繁多，有服装、珠宝饰品及其配件、化妆品、护肤品、香水等，每一类产品都闻名遐迩，特别是香水与时装，引导着世界时尚的潮流。

香奈儿的品牌标志由两个镜像的字母 C 组成（见图 7-1），代表品牌创始人 Coco Chanel 的姓名首字母，也象征着女人都应该有双面性，内外双美。香奈儿的双 C 标志体现了高雅、简洁、精美、崇尚自由的特点，它在 20 世纪是“经典”，是“永远的时尚和个性”，更是一个“浪漫传奇”，光是品牌价值就已经高达 56 亿美元。因此，在包装上将品牌标志作为主体形象，足以体现高贵的品质、时尚的潮流。

图 7-2 所示为设计师 Ryan Mc Sorley 为香奈儿设计的护肤品套装，在晚上睡觉前使用，包括洁面乳、爽肤水和润肤乳，还附带一个睡觉时绑在头部的头带。该套装无论是造型设计，还是色彩搭配，都异常简洁，形似一块鹅卵石，静谧中蕴含典雅，黑白经典配色，沿袭其品牌历史。香奈儿的创始人曾经说过：“黑色包容一切，白色亦然。它们的美无懈可击，绝对和谐。在舞会上，身穿黑色或白色的女子永远都是焦点。”

整个包装没有任何多余的装饰，唯有香奈儿标志反复出现，强化品牌力量。包装盒盖上有一个香奈儿标志的浮雕，包装盒里印着一个黑色香奈儿标志，与头带上的白色标志相映成趣；盒子底部黑色标志再次出现，与盒盖上的标志形成首尾呼应。

图 7-1　香奈儿品牌标志

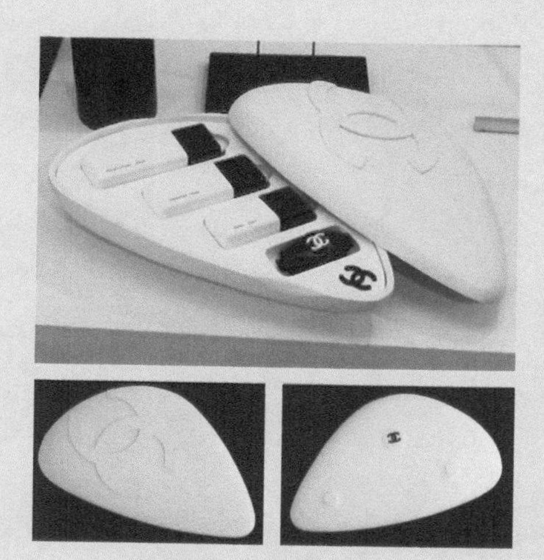

图 7-2　香奈儿护肤品套装

2. 产品实物

以产品实物为主体形象的包装多用于自身形象悦目感人的，或需要让消费者直接见面的产品，可以非常直观地展示产品，有效传达产品信息，并增加消费者的信任感（见图 7-3）。

图 7-3　耳机包装

3. 原料形象

以生产原料为主体形象，可突出其原料的特性、产品口味和与众不同的香型，多见于饮料、果酱、调味品等食品包装，有的化妆品、日化用品和药品包装也采用此法（见图 7-4、图 7-5）。

图 7-4　果汁包装

图 7-5　空气清新剂包装

4. 示意图

通过示意图对产品用途、作用机理、使用方法等做特别的表达，突出产品的功能特性，起到指导消费者的作用，多见于药品或是结构较为复杂、使用比较烦琐的产品。

Nobilin 是一种帮助消化的药品。为了更好地说明药品的用途，德国 BBDO 设计公司为其设计了一款非常形象的包装。这款包装依旧采用泡罩包装形式，不同的是，在药片板背面设计了猪、牛、鱼、鸭等一些容易引起消化不良的肉类的动物剪影，并以标靶的形式表现出来。当消费者取出 Nobilin 药片后，打开的包装就像瞄准这些容易让人消化不良的动物开了一枪（见图 7-6），它暗示你，这些药片到你肚子里面后就是这样高效率地进行工作的。

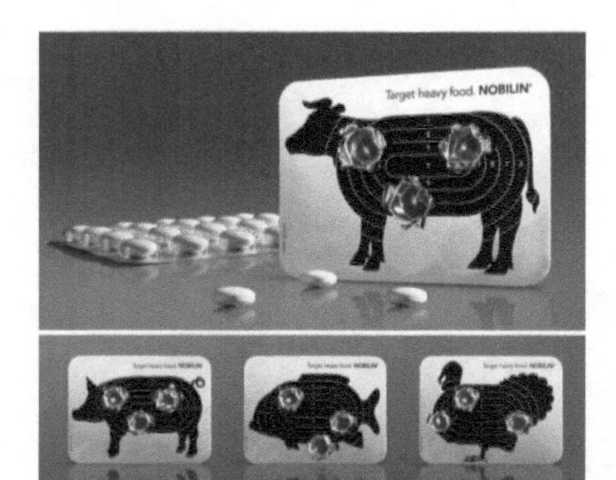

图 7-6　药品包装

案例精讲 40

一次性无菌巾的创新系列包装设计

一次性无菌巾主要是在手术过程中起遮挡保护或清洁工作区域的作用，常规的一次性无菌巾包装的形状和尺寸无序（见图 7-7），不同手术部位所使用的无菌巾的包装没有明显区别，不易识别和查找，给手术的准备带来不便，浪费了医务工作者宝贵的时间。

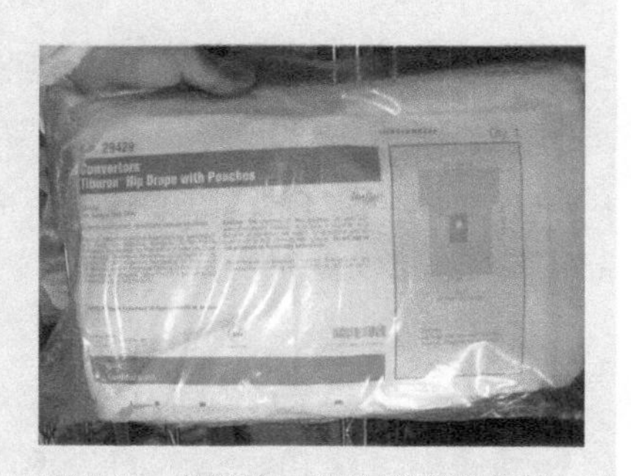

图 7-7　常规的一次性无菌巾包装

图 7-8 所示的创新解决方案从两个方面改进一次性无菌巾：①为整个系列的无菌巾产品开发

一套视觉识别系统，以直观的人体示意图和文字，简单明确地表明无菌巾的类型及适用于人体的哪个部位，且不同类型的包装通过色彩清晰地区别开来；②在包装上将图形和数字结合，清晰地示意其区域位置，与产品码放在货架上的位置相对应，便于手术准备人员快速地找到所需无菌巾的存放位置。

该系列包装设计不仅清晰直观地传达了产品信息，而且使存储一次性无菌巾的货架变得整齐有序，还极大地简化了手术准备人员的工作，重新规划了其工作流程，改善了工作环境，堪称包装设计的上乘之作。

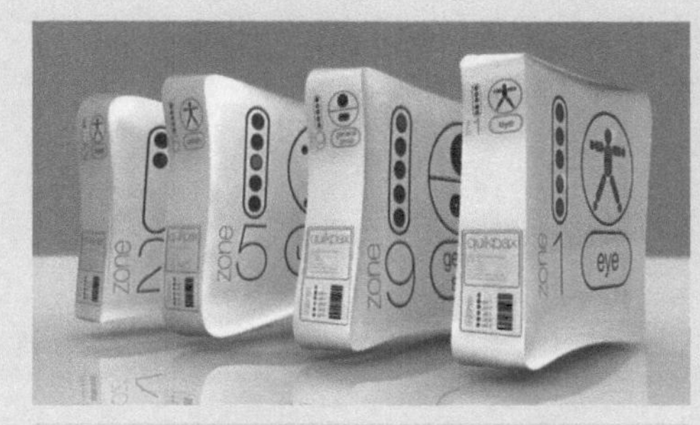

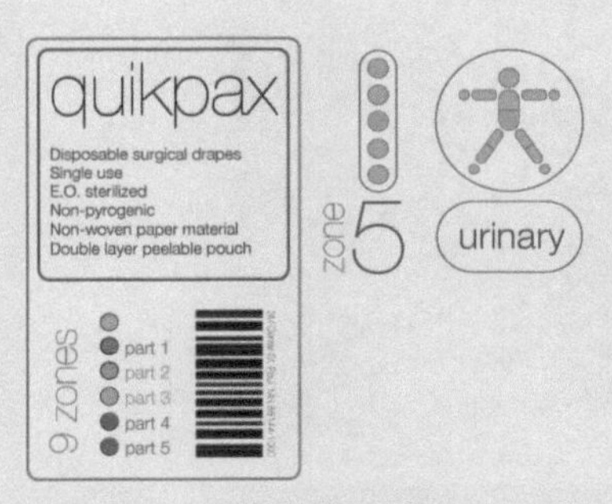

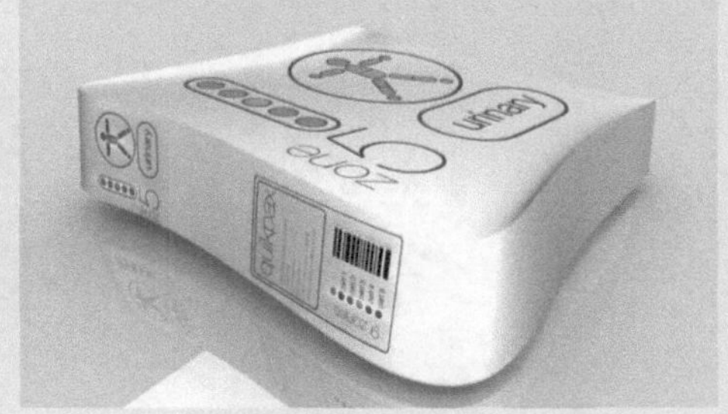

图 7-8　一次性无菌巾创新系列包装

5. 产地形象

以产地形象为主体形象的包装方法多用于具有地域特色的土特产，出口异国的产品，或历史悠久的传统产品。往往采用产品原产地的风土人情、自然风光作为其包装的主体形象，如葡萄酒、茶叶、咖啡、橄榄油等的包装（见图 7-9）。

图 7-9　橄榄油包装

6. 消费对象

以消费对象为主体形象的包装多用于定位不同消费者的系列化产品，突出表达该产品的适用对象的年龄、身份、性别等，使消费者有亲近感和植入感，起到引导消费的作用（见图 7-10）。有的商品包装则印上代言人的形象，利用明星效应吸引消费者。

7. 具象形象

采用与产品相关的人物、风景、动物或植物等具象形象，作为包装的主体形象，可用于表现包装的内容物及属性。随着高清摄影技术的发展，具象形象变得更加逼真生动，易唤起消费者的好感。

图 7-10 儿童奶糖包装

国外某零食品牌，为提升品牌形象，计划开发高端产品线 Premium。在该品牌全球原材料选择的核心区域，成品只选择高档大果、稀有品种。包装则从世界、自然、人文关怀之间的关系，以及点缀视觉图像的角度，提倡产品线的环保概念。动物外表被植物、花朵和产品的巧妙组合覆盖，表现出独特的视觉洞察力，增强了这种包装的识别和品牌记忆点（见图 7-11）。

图 7-11 具象形象的零食包装

国外某茶叶品牌的包装设计，采用超级识别符号——鸟类，其亮点是为不同的鸟搭配了不同款式的帽子、花、领结、鞋子等作为点缀，别出心裁（见图 7-12）。

图 7-12 具象形象的茶叶包装

8. 抽象形象

采用抽象的点、线、面等几何形纹样、色块或肌理效果构成画面也是包装装潢的主要表现手法。该类装潢手法简练醒目，具有现代形式美感，多用于写意的高档酒类、化妆品和礼品的包装。

中国白酒的最大卖点在于其酿造用水的卓越品质。图7-13a所示的产品主题为“西金千花”，意味着可以洗净华丽的外观并保持自然。为了体现该主题背后的东方哲学，其包装设计的特点是包装盒上有类似水滴的大标签，瓶子上画有抽象图案，并且在瓶颈上有一条小鱼“游动”，形成一种东方美学。此外，产品以四瓶装出售，每瓶有不同的设计样式（见图7-13b），为消费者提供丰富的购物体验。

图7-13c所示的酒包装设计，将免费的抽象笔触和独特的书法字体结合。抽象笔触具有多种含义，如东方书法笔触、西方油画笔触，酒液掀起浪潮，自由挥舞状态等。瓶口设计得更宽，便于倒酒，软木塞还可改善外观和酒的品质。

a)　b)　c)

图7-13　抽象形象的酒包装设计

9. 象征形象

以象征形象为主体形象的包装运用与产品内容相关的图形，以比喻、借喻、象征等表现手法，突出产品的特性和功效，多用于适合以感觉和感受来意会体验的产品。还有些产品本身的形态很难直接表现，只有运用象征的表现手法，才能增强产品包装的形象特征和趣味性。与具象形象相比，象征形象易引发消费者的联想与想象，如有些饮料包装上运用冰山的形象象征饮料清澈、无污染的水质，或用流动的曲线来象征饮料的可口、爽口。

图 7-14 所示为丹麦 Scanwood 木制餐具包装，这款包装设计突出了“天然”的产品特质，就好似这些餐具都是从土地中长出来的一般天然。

图 7-15 所示为一款能量饮料包装。其图案设计相当酷帅有型，象征着能量四溢。

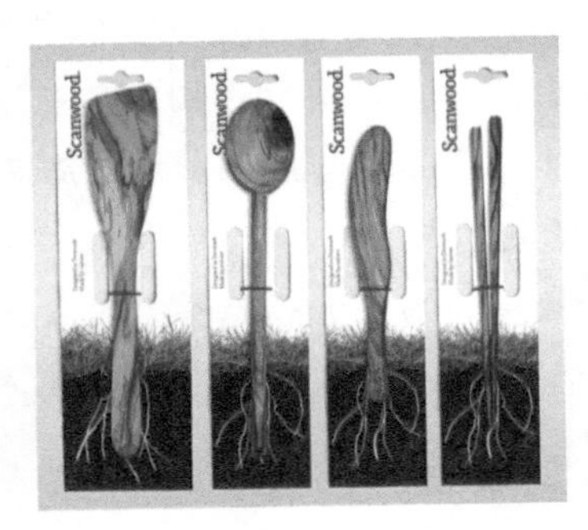

图 7-14　丹麦 Scanwood 木制餐具包装

图 7-15　能量饮料包装

10. 插画形象

插画形象介于具象形象和抽象形象之间，是对具象形象的概括提炼，不苛求形态逼真，也不强调很高的艺术性，但非常讲究与环境协调和美化效果，是一种具有趣味性和生动性的特殊艺术形式。

插画最先是在 19 世纪初随着报纸、期刊、图书的变迁发展起来的，用以增加出版物的趣味性，使文字能更生动、更具象地活跃在读者的心中。它真正的黄金时代则是从 20 世纪五六十年代开始的，当时刚从美术作品中分离出来的插画明显带有绘画色彩，而从事插画的作者也多半是职业画家，以后又受到抽象表现主义画派的影响，从具象转变为抽象。

随着艺术的日益商品化、新的绘画材料及工具的出现，插画艺术进入商业化时代，其应用范围已不局限于报纸、期刊、书籍，而是广泛应用到平面设计、服装设计和包装设计等领域。摄影技术和计算机辅助设计技术日臻成熟，使得原来手绘的插画基本被摄影和计算机制作取代。有的商品为了体现个性，或表现古朴自然的品质，采用插画风格进行包装设计。

案例精讲 41

六个核桃儿童版包装设计

2018 年的儿童节，六个核桃联手插画设计师推出儿童版包装，时尚波普蓝变成童趣插画。新包装从孩子的角度出发，用他们所喜爱的卡通图形，与他们进行一次充满趣味的视觉对话。新包装瓶身插画描绘的是一家四口去旅行的温馨场景（见图 7-16），就算是平凡不过的日常生活，一样可以很艺术化地表达出来。罐装和包装箱的包装设计都洋溢着欢乐的童趣。

图 7-16　六个核桃儿童版包装及包装箱

11. 装饰纹样

装饰纹样通常指的是历史文化传承下来的、具有一定民族地域风格、起到装饰美化作用的图案。装饰纹样不仅仅是点线面、图形和色彩的组合，它的主题和寓意还决定了纹样的气韵和文化内涵，这是其他图形所不具备的。

我国装饰纹样有几千年的历史，积淀了许多精美的装饰纹样，如龙纹、凤纹、云纹、牡丹纹、如意纹和万字纹等，广泛应用于染织、家具、陶瓷、漆器和建筑等领域。埃及、希腊等文明也拥有自己独具特色的图案艺术作品。前人这些优秀的图案艺术作品给人以美的享受，与人产生心与物的交流，其所蕴含的传统文化氛围让人产生丰富的联想。

一些传统性很强的土特产品、文化用品的包装，利用具有传统特色和民族风格的装饰纹样作为包装的主要图形，既体现产品的传统文化性，又体现产品悠久的历史性和地域特色，并具有美好的寓意。如中国白酒、月饼、茶叶的包装，经常采用传统装饰的手法，有效地展示了中国的传统习俗和文化特征。也有些包装上采用装饰纹样，则是为了增加包装画面的装饰感和美感，如化妆品包装。

我国台湾的茶叶包装借鉴日本的风格，又很好地运用了中华民族的传统文化，儒雅中透露着情调，对字体的设计非常成功，又能巧妙地运用花纹，对于印刷与材质的把握也非常到位，值得学习。图 7-17 所示为我国台湾的一种高山茶包装，其水墨和花鸟都是中国风的典型元素。

图 7-17　我国台湾高山茶包装

装饰纹样按取材不同可分为植物纹样、动物纹样、人物纹样、风景纹样和几何纹样；按组织的方式不同可分为单独纹样、适合纹样和连续纹样。

（1）单独纹样　单独纹样是一个独立的装饰单元，与其他装饰单元没有联系，自身具有独立性和完整性，形式较为自由。按结构形式不同可分为对称式和均衡式（见图 7-18、图 7-19）。

图 7-18　中国台湾阿里山乌龙茶包装设计

图 7-19　古希腊纹样的橄榄油包装

（2）适合纹样　适合纹样是具有一定外形限制的纹样，图案素材经过加工变化，组织在一定的轮廓线以内（见图 7-20、图 7-21）。外廓形可以是几何形，如圆形、半圆、椭圆、三角形、方形、长方形、菱形、五角形、多边形等。

图 7-20　适合纹样

（3）连续纹样　连续纹样是指以一个基本单位纹样为准，按照一定的格式，有规律地做重复循环排列，构成无限连续性的纹样，包括二方连续纹样和四方连续纹样。

1）二方连续纹样。二方连续纹样又称为“花边纹样”，是以一个或几个单位纹样在两条平行线之间的带状平面上做有规律的排列，并以向上下或左右两个方向无限连续循环所构成的带状形纹样。二方连续纹样的骨式（纹样的组织形式）有三种：散点式、波纹式和折线式。

图 7-21　采用了适合纹样的系列包装

二方连续纹样所具有的连续性、重复性、循环性特别适用于圆形边缘和圆柱形体的装饰，其由于丰富的构成形式，而被广泛地运用于建筑中的墙边、门框、服装的饰带和装饰布的边缘，以及商品包装的边饰等部位，所呈现起伏、虚实、轻重、大小、疏密和强弱的视觉效果，给人节奏美和韵律美（见图 7-22）。设计时要仔细推敲单位纹样中形象的穿插、大小错落、简繁对比、色彩呼应及连接点处的再加工。

图 7-22　二方连续纹样的包装设计

2）四方连续纹样。四方连续纹样是指单位纹样向上下左右四个方向反复连续循环排列所产生的纹样。按基本骨式变化，四方连续纹样的骨式主要有三种：散点式、连缀式和重叠式。这种纹样节奏均匀，韵律统一，整体感强（见图 7-23）。

由于它具有四个方向无限连续扩大的特点，因此适用于建筑壁纸图案设计、包装纸设计、花布设计、地板设计等方面。设计时要注意单位纹样之间连接后不能出现太大的空隙，以免影响大面积连续延伸的装饰效果。四方连续纹样广泛应用于纺织面料、室内装饰材料、包装纸等。

图 7-23　四方连续纹样的包装设计

12. 卡通形象

卡通（Cartoon）作为一种艺术形式最早出现在欧洲，原意是绘画、挂毯、镶嵌等原尺寸的底图。它在 19 世纪 40 年代成为独立的滑稽画，用以讽刺时事政治、社会现象和时尚潮流，后来其内涵逐渐扩大，成为各种漫画、动画的总称。在 20 世纪，卡通形象开始应用于品牌推广。

卡通形象以其夸张、幽默、独特的艺术魅力，深受不同国家、不同年龄、不同阶层人们的喜爱，给人类生活带来巨大的影响，并由此引发无限商机，在经济领域一路高歌猛进。卡通形象容易博得消费者的好感，因此在食品、儿童产品的包装设计中应用较多。

案例精讲 42

结合 IP 形象的婴幼儿洗护产品包装设计

对于婴幼儿产品的包装设计，设计师或多或少都藏着一些充满童趣的构思。小孩天真单纯、自然干净，不少设计师会通过柔和的色调、可爱的动物造型，吸引他们的注意力。在饱和的消费市场中，也有品牌结合自家特色基因，打造产品的差异化，设法在消费者心中赢取一席之位。

Bubbsi 是美国一个婴幼儿个人护理品牌，其目标人群定位在一岁到四岁的孩子，创立于 2019 年。产品包装选用可爱的动物造型，瓶子的外观变得更有亲切感，可爱有趣。有别于传统的塑料包装，其包装瓶采用经过认证的食品级有机硅胶，且每款产品还可以兼作沐浴玩具，设计非常出彩（见图 7-24）。

图 7-24　Bubbsi 可挤压、咀嚼的婴儿护理包装

由于食品级硅胶材料具有柔软性、可挤压性及耐用性，因此孩子们可以挤压甚至咀嚼它。在产品使用完后，父母还可以将瓶子重新填充用作小孩的玩具。相较于一般塑料瓶在使用完后会被扔掉，Bubbsi 的可持续品牌理念在众多婴童洗护品牌中别具一格。

MAPA 是俄罗斯的一个婴儿护理品品牌，设计师 Olga Sereda 认为在现代社会中，父亲的角色正在改变，变得更加广阔和丰富，而男人的柔情也有了更多的内涵与意义。虽然婴儿的出生是一件乐事，但是母亲日后经常要面对许多烦恼。通常情况下，父亲会来帮忙，父亲也可以很好地教育和照顾婴儿。如今，性别对应的分工正变得越来越模糊，工作和责任越来越少地被划分给男性和女性，男性也能担任照顾婴儿的角色。

目前，MAPA 产品线共有 5 款，包括保湿霜、沐浴露、保湿喷雾、爽身粉和泡泡沐浴液。该系列包装以父亲的身份作为切入点，在体现品牌文化的同时，也能在消费市场上建立情感联系，触及消费者的内心。采用蓝色和红色作为主色调，MAPA 将视觉焦点放在婴儿与父亲的互动上，不仅营造出一种和谐、有爱、温馨的氛围，也刻画出父亲面对婴儿的柔情的一面。此外，为突出产品的纯粹性和天然性，包装左下方还加上“0+”字样（见图 7-25）。

图 7-25　MAPA 凸显“铁汉柔情”的婴儿护理品包装设计

案例精讲 43

系列耳机创意包装设计

图 7-26 所示为 ME 品牌的系列耳机创意包装设计。该设计获得 2009 年 Pentawards 金奖。圆圆的包装盒犹如人脸，巧妙地将耳机作为卡通人物的眼睛，ME 品牌的标识图形则像嘴巴，再配上个性的图案，构成了一系列各具特色的卡通形象，使整个包装浑然一体，妙趣横生，让人拍案叫绝。

其细节设计也特别出彩，每款耳机的摆放别出心裁，或正放，或侧放，或一正一反，或一正一侧，赋予了每个人物独特的表情和性格，甚至他们还有属于自己的名字。如果买了这款耳机，又有谁会舍得扔掉包装盒呢？

图 7-26 系列耳机创意包装设计

7.1.2 图形设计的原则

1. 准确传达商品信息

无论是文字还是图形的运用，目的都是准确地传达商品信息。这就要求包装上的图形设计一定要具备商品的典型特征，包装内容物要与包装外部形象相一致，并能准确地传达商品信息、商品特征、商品品质和品牌形象等。图形视觉语言的表现，能使消费者很清晰地了解所要传达的内容和信息。有针对性的设计和传达，对消费者有一种亲和力，能产生共鸣和心理效应，引起消费者的购买欲望。所以，准确传达信息不仅是图形设计的最根本原则，也是整个产品包装设计的基本原则。

2. 体现视觉个性

我们在进入信息化、数字化时代的同时，也进入了个性化时代，人人都在追求个性、突出个性，张扬个性已成为当今青年人的追求和时尚。在商品竞争中，包装设计的个性特征越来越重要。无论是包装设计，还是广告宣传、品牌形象和企业形象设计等，无一不是在追求各自鲜明的个性。产品包装设计只有具有崭新的视角和表现，从同类包装设计中脱颖而出，吸引消费者的视线，使消费者产生兴趣，才能在商品的海洋中战胜竞争对手。

3. 注意图形的适用性和局限性

即使是同一图形，不同的人对其也有不同的解读，所以图形往往要搭配文字，才能准确地传达商品的信息。另外，由于风俗不同，不同的国家、地区、民族在图形运用上也会有些忌讳，如：日本人比较忌讳荷花而喜欢樱花；意大利人忌用兰花；法国人禁用黑桃；中国人在有些情况下认为乌龟有贬义，而在日本人则认为乌龟是长寿的象征；我国较喜欢的孔雀图形，在法国人眼里却是不受欢迎的图形。类似的图形禁忌有许多，设计师一定要深入了解并掌握这些知识，遵守和尊重相关国家和地区的规定和风俗，避免因不当的设计而带来不必要的损失。

4. 图形的完形法则

格式塔心理学家认为视觉有着基本的定律：任何刺激物之形象，总是在其所给予的条件许可下，以单纯的结构呈现出来。越简洁、越规则的东西越容易从背景中凸显出来，构成完整的图形。格式塔完形法则包括相似原则、接近原则、闭合原则、连续原则和规则原则。在包装设计中，充分利用图形的完形法则，则可创作出注目性和美观性较强的图形形象（见图 7-27）。

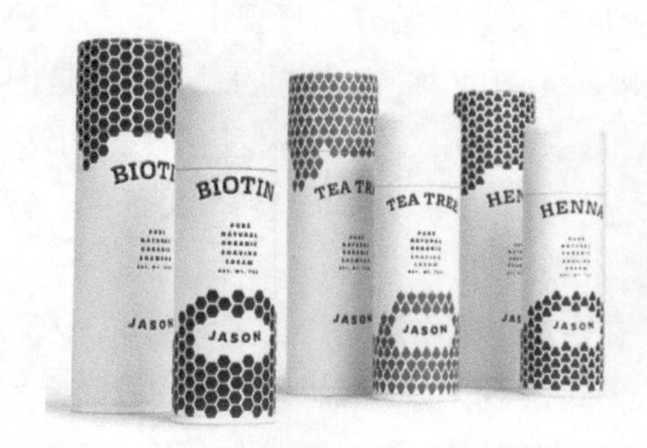

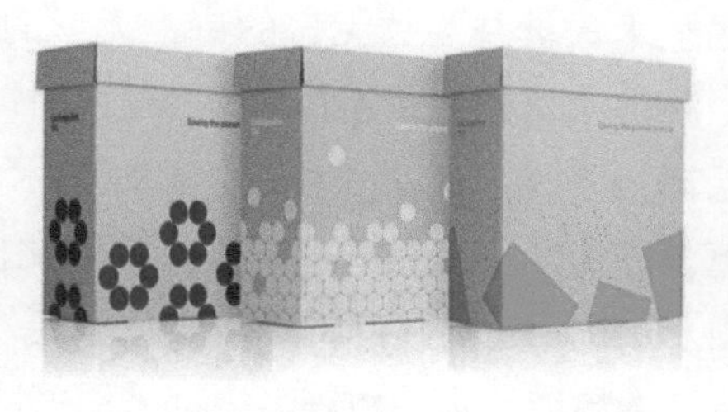

图 7-27 符合完形法则的包装图形设计

7.2 包装的文字设计

文字不仅是传播信息的载体，也是文人表达思想、艺术家表现艺术的媒介，特别是中国书法已成为一种独特的艺术形式，承载着中国传统的文化艺术。在市场竞争日趋激烈、商品同质化严重的时代，商品以个性化区分市场，越来越多的品牌站在战略高度进行多方位的品牌形象设计，而对包装进行有创意、个性化的文字设计则是出于这种市场的要求。

在包装装潢设计中，可以没有图形，但绝不能没有文字说明。文字能够传递明确的、具体的信息，而图形则有较强的适用性，在没有文字说明的情况下，不同的人看到同一图形，会产生不同的理解与情感。

许多优秀的包装都十分重视文字设计，甚至全部由文字构成画面，文字经过特殊的艺术处理，十分鲜明地体现商品的品牌和用途，体现美感和文化，以独特的视觉艺术效果吸引消费者。

尽管使用计算机中，从互联网上可以轻而易举地得到某一种字体，但是使用非原创的字体，不仅缺失个性与创意，甚至会给设计师本人、客户带来法律上的麻烦。2008年，方正字库就曾经把宝洁告上法庭，其诉讼理由是宝洁未经方正电子许可，在其生产的飘柔洗发水、帮宝适纸尿裤等55款产品的包装、标识、商标、宣传品上使用了“倩体”“卡通体”等方正字库的字体，侵犯了方正电子字库作品的著作权，索赔147.8万元。有鉴于此，包装设计的工作者必须具备独立设计字体的本领。

7.2.1　文字设计的类别

由于历史、地理、民族习俗等原因，不同的国家、地区形成了各具特色的文字语言。目前国内外的包装设计中，根据语言的种类，将文字主要分为三类：汉字、阿拉伯数字和拉丁字母。

1. 汉字

汉字构形独特，数量繁多，形成了一种形与义紧密结合、显现东方审美情趣的独特书法艺术，被誉为“无言的诗、无形的舞、无图的画、无声的乐”。书法是中国的国粹，源远流长，主要经历了篆书、隶书、草书、楷书、行书等发展阶段。书法往往是以毛笔为表现工具的一种线条造型艺术，具有很高的实用价值和审美价值，特别是其中蕴含的文学价值是其他语言所不能比拟和替代的。

由于中国书法有深厚的历史文化积淀，在白酒包装中运用得较多，例如，人们熟悉的茅台、五粮液、水井坊等名酒都采用书法形式，不禁使人联想到厚重的酒品质与酒文化。还有茶叶、月饼等具有民族特色的产品也喜欢应用书法，来展现历史的源远流长。

案例精讲 44

“老舍茶行”品牌形象与包装设计

老舍茶行是一家专售云南原始茶林的普洱古树茶的茶行，每棵茶树都生长500

年以上，长年无污染，原生态，只有当地的茶农才得以摘采。老舍茶行品牌标识以字体为主，每个字均为专门设计，字体与茶舍建筑图形结合，突出了古朴的茶舍气息。在整套视觉设计上，还包含了许多与品牌相关的印章，使整套产品有了自身形象的识别度，其销售推广和传播有一定的感染力。这套形象由林韶斌设计机构设计，获得了第 24 届日本东京字体指导俱乐部（TDC）年度奖。

该系列包装也是以汉字为主体形象，采用木盒、陶罐、竹筒和牛皮纸盒等多种天然材质包装茶叶，古色古香，传统文化气息浓厚（见图 7-28）。其中采用黑色包装的为生茶，采用牛皮纸色包装的为熟茶。设计亮点在于红色的标贴，不仅醒目跳脱，同时蕴含着好茶的寓意。其灵感来自于一些展览比赛，每个评委都手持一本标贴，看中满意的作品才给予一张标贴，被贴得越多，证明作品获得越多评委的喜爱。此茶也有此意，暗示该茶是经过许多好的评茶师所选出来的好茶。

图 7-28　老舍茶行的品牌包装设计

案例精讲 45

日本包装的文字设计

日本人非常喜欢中国的汉字，对中国书法也有一定的研究。早在唐代，中国书法就传到日本，日本人在直接使用汉字的过程中，不断改造和简化汉字，仿汉字草书，制成平假名。第二次世界大战以后，日本已经创作出真正具有日本民族特征的日本现代书法。20 世纪 50 年代，日本书法艺术受包豪斯理念和其他抽象艺术流派的影响，形成了一种前卫的书法艺术形式——“墨象派”，开创了日本书法艺术的新风。

日本的包装设计在世界设计中独树一帜，其包装将民族与国际、东方与西方、传统与时尚巧妙结合，并形成自己特有的风格。日本设计师广泛采用书法字体进行创意设计，水墨文化在商品包装上得到很好体现，并且有专门为包装进行书法字体设计的创作者。他们深知书法文字本身具有丰富的表现力和艺术感染力，能够充分体现商品的地域文化特色，于是就把汉字运用到商品包装上。在创造过程中，他们考虑把汉字稍做变化，再结合商品本身特征，协调设计要素，从而创作出精美的包装设计。字体设计或潇洒流畅、泼墨自如，或清新儒雅、端庄秀丽，形式多姿多彩，富有节奏感和韵律美，具有极强的视觉冲击力，能够为画面增添无穷的魅力（见图 7-29）。

图 7-29 日本包装的文字设计

日本包装设计的民族风格特色没有因为国际风格的影响而减弱，而是在新的形势下以新的面貌得到发展和弘扬，因此日本设计师能够设计出既有本国特色又能面向世界的好作品。

2. 阿拉伯数字

阿拉伯数字最初由古印度人发明，后由阿拉伯人传向欧洲，之后再经欧洲人将其现代化。由于采用十进制，加上阿拉伯数字本身笔画简单，写起来方便，看起来清楚，特别是用来笔算时，演算很便利，现已成为国际通用的数字。

作为一种特殊的文字符号，阿拉伯数字以其简洁的个性造型、国际通用的识别性、容易记忆与推广，以及所具有的象征意义，成为一个重要的设计创意元素。和汉字、拉丁文一样，阿拉伯数字现已被广泛地应用到各种设计艺术的形式之中，尤其是在品牌命名、标识设计、网络域名注册等领域的应用较广，如“香奈儿 5 号”“ 555 香烟”等成为世界名牌中的传世经典。在包装设计中，也不乏以阿拉伯数字为设计元素的优秀作品（见图 7-30）。

图 7-30　以阿拉伯数字为主体形象的酒包装设计

图 7-31 是一款国外的以阿拉伯数字为主体形象的巧克力包装设计，匠心独具，简洁清晰，不由得让人眼前一亮。每种数字代表一种巧克力口味，再配上不同的颜色区分，易于消费者识别和挑选。当这些包装被整齐地码放到货架上时，则构成了强大的数字阵容，也很容易使人感受到该品牌的巧克力种类是多么丰富。

图 7-31　以阿拉伯数字为主体形象的巧克力包装设计

3. 拉丁字母

拉丁字母大约在公元前 7 世纪—公元前 6 世纪时，由希腊字母间接发展而来，成为古罗马人的文字，后传播到欧洲，是目前世界上流传最广的字母体系之一。英文以 26 个字母为基本书写符号，通过变化排列组合，创造出丰富的单词，并且紧密地与语音结合，简单易记、易拼写，适合印刷与传播。而且，英文又创造出一些约定俗成的缩写形式，使其拼写、记忆和交流更加便捷。

拉丁字母的字形结构较为简单，主要包括四种类型：圆形、方形、三角形和特殊形。拉丁字母的最大特点是形态各异，长宽不等，排列组合稍有难度。为了达到大小写字母在视觉高度上的一致，设定四条引线作为统一规范的基础，由上至下分别是顶线、肩线、基线和底线。可以通过大小穿插、重叠、并列、错位等手段来排列字母，构成多层次的视觉艺术效果。拉丁字母按字体样式大致分成三类：衬线体、无衬线体和其他字体。其他字体包括哥特体、手写体和装饰体，这些字体的使用相对较少，一般来说衬线体和无衬线体两类是用得比较多的（见图 7-32）。

AaBbCc
衬线体

AaBbCc
衬线体的衬线(红色部分)

AaBbCc
无衬线体

图 7-32 衬线体和无衬线体

（1）衬线体（Serif） 在字的笔画开始、结束的地方有额外的装饰，而且笔画的粗细会有所不同，易于阅读。其历史比较悠久，是古罗马时期的碑刻用字，适合表达传统、典雅、高贵和距离感。衬线体包括旧体（旧式衬线体）和现代体（现代衬线体）。

旧体（Old Style）类似手写的衬线体，笔尖会留下固定倾斜角度的书写痕迹，O 字母较细部分连线是倾斜的。旧体并不意味过时，传统书籍正文通常用旧体排版，适合长文阅读。

现代体（Modern）比例工整，没有手写痕迹，O 字母较细部分连线是水平的，体现了明快的现代感，给人冷峻、严格的印象，缩小后文字易读性比较差，一般在标题上使用。

（2）无衬线体（Sans Serif） 相较于衬线体，无衬线体更加亲和、现代。从类别上大致可以分成四类：Grotesque、Neo-grotesque、Humanist 和 Geometric。随着现代审美和流行趋势的变化，如今人们越来越喜欢用无衬线体，因为它们看上去更干净。

在国外的包装设计中，将拉丁字母作为包装主体形象是一种常见的设计手段（见图 7-33）。随着国际贸易的发展，越来越多的商家包装上使用拉丁字母，该类包装简洁大气，易于识别和记忆。

根据包装中文字所起的作用，又可以将文字分为三种类型：主体文字、促销文字和说明文字。一般主体文字、促销文字需要字体设计，而说明文字无须字体设计。

主体文字包括商品名称、品牌名称。主体文字作为识别的重要因素，应该醒目、突出，位于包装的正立面。

促销文字多为商品的卖点，较为活泼、醒目，位于包装的正立面，如“新品”“买一赠一”“原味”等。

图 7-33　国外包装优美的拉丁字母字体设计

说明文字包括使用方法、成分及比例、生产保存日期等。一般放在包装的背面或侧面，多为印刷字体，字号较小，呈密集性编排。

7.2.2　文字设计的原则

1. 可读性

文字是人类信息交流的载体，所以可读性是其最基本的功能。无论是品牌文字、广告宣传文字，还是功能说明文字，都必须具有可读性。特别是品牌文字，无论进行怎样变形、夸张、装饰等设计，都要求字体简洁、易懂、易读、易记。

2. 适用性

不同形态的文字所表现出来的视觉心理感受和情感特征是不同的，所以在进行字体设计时，一定要充分考虑包装内容物的产品属性。尤其是品牌文字设计，更要突出产品的性格特征，要强化它的视觉形象的表现力，但也要注意内容与形式的统一。

3. 艺术性

艺术性是文字设计的生命力所在，不仅要求单字美观，还要求文字编排均衡、协调。在产品包装设计中，一般有内容、风格、形式各不相同的字体设计出现在包装画面上，这时就要求文字与文字之间能相互统一协调（见图 7-34）。否则，会显得杂乱无章，直接影响包装的信息传达。

4. 创新性

在产品包装的文字设计中，要充分利用形象思维和创新思维，设计出富有个性、新颖别致的字体。

图 7-34　极具艺术性的文字排版包装设计

7.2.3　字体设计的方法

现代字体设计理论产生于 19 世纪 30 年代在英国发起的工艺美术运动，以及 20 世纪初的装饰艺术运动。在设计字体时，可以在一些标准字体的基础上，进行适当的变化和艺术处理，创造出别具一格的全新字体。

无论是汉字还是拉丁字母，任何字体的形成、变化都体现于其基本的字形结构和基本笔形中。字形结构和基本笔形不仅是决定字体的本质因素，也是进行创意字体设计的根源。基本的字体设计方法包括字形变化、笔画变化、结构变化、装饰变化、形象化、立体化和手写体化等。

1. 字形变化

字形变化是指改变字的外形特征。汉字的基本形状为方块，可通过拉长、压扁、倾斜、弯曲、角度立体化等改变字形，外形可以变为正方形、长方形、扁方形和斜方形等（见图 7-35）。圆形、菱形和三角形违反方块字的特征，不易识别，所以应谨慎使用。应注意字形变化要适度，以免影响其可读性。

图 7-35　字形变化

2. 笔画变化

笔画变化是指在字的基本形状不变的情况下，对某些笔画的形状进行变化，在规整、斜度、弧度、空白、切划、分割、粗细和曲直等方面进行变形，可产生出更为自由多样的字体（见图 7-36），但应注意变化的统一、协调，以及保持主笔画的基本绘写规律。一般情况下，变化的主要对象是点、撇、捺、挑和勾等副笔画，而横、竖等主笔画变化比较少。

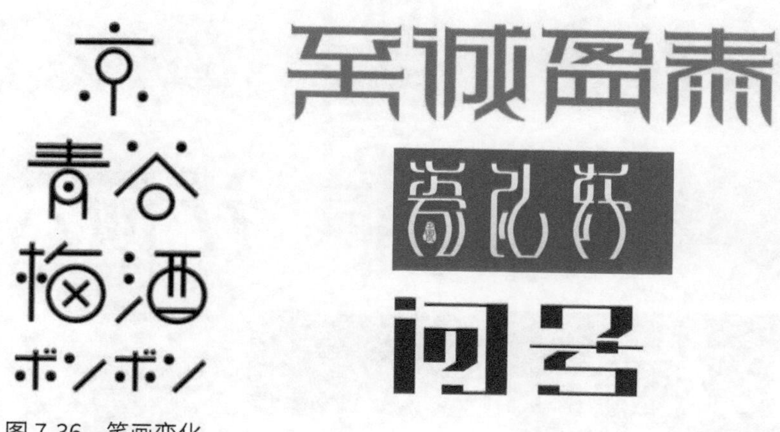

图 7-36　笔画变化

3. 结构变化

结构是文字构成中的基本规律，以偏旁、部首、笔画之间的构成定律形成某种字体的组合规范。基础字体的结构通常疏密均匀、重心统一，并且一般安排在视觉中心的位置。可以通过对字体的部分笔画进行夸大、缩小，或者移动位置、改变重心，使字体的结构发生变化（见图 7-37）。结构变化也要注意变化的统一、协调，避免杂乱无章。

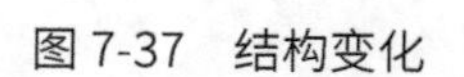

图 7-37　结构变化

4. 装饰变化

装饰变化是在基本字形的基础上添加装饰。它的特征是在一定程度上摆脱了印刷字体的字形和笔画的约束，根据品牌或企业经营性质的需要进行设计，达到加强文字的精神含义和感染力的目的。常见的装饰变化包括背景装饰、轮廓装饰、线条装饰、重叠与透叠、借笔与连笔、断笔与缺笔、图案填充、空心和图底反转等（见图 7-38）。

图 7-38　装饰变化

5. 形象化

形象化是指把文字的含义形象化，做到了“形”与“意”的有效结合，比装饰文字更加生动有趣，也更具有感染力，易于记忆与传播（见图 7-39）。

图 7-39　形象化

根据添加形象的方式不同，可将形象字体分为以下三种。

（1）添加形象化　添加形象化是指在原有文字的基础上，添加与文字相关的图案，使字体更加形象生动，注意添加的形象必须有助于字体信息的传播。

（2）笔画形象化　笔画形象化是指用相关的图案代替原有文字的部分笔画，从而使文字中有图案，图案又是文字的部分结构。

（3）整体形象化　整体形象化是指运用汉字的象形特征，使文字整体用图案的形式表达。

6. 立体化

立体化是指通过透视、倒影、排列组合、浮雕、光效和阴影等方法，使字体具有立体感和视觉冲击力，易于引起关注（见图 7-40）。

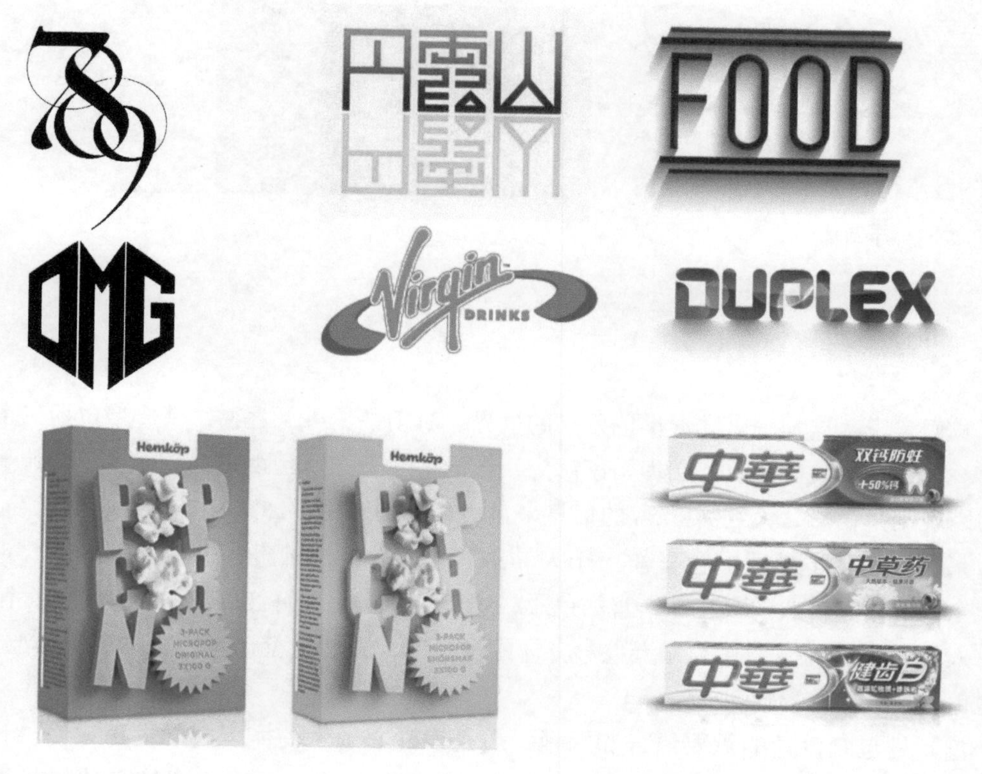

图 7-40　立体化

7. 手写体化

手写体是一种书写艺术，与标准字体相比，更为自由奔放、灵动活泼，富于变化和韵律，具有极高的艺术美感和感染力（见图 7-41）。

图 7-41　手写体

7.3　包装的色彩设计

我们常说，这是一个“形形色色”的世界。对于视觉可见之物，其造型包括三个方面：色彩、形状与材质。心理学家认为，人的第一感觉就是视觉，而对视觉影响最大的因素则是色彩，大约有 65% 的信息来自对色彩的感受，25% 来自对形状的感受，10% 来自对材质的感受。色彩作用于人的感官，刺激人的神经，进而在情绪、心理上产生影响。大自然中存在着丰富的色彩，如蓝色的天空、鲜红的血液、金色的太阳等，人们看到这些与大自然先天色彩一样的颜色时，自然就会产生相关的感觉体验，这是色彩最原始的影响。

色彩是包装设计的重要语言和因素，也是设计心理学功能表现的突出方面。日本立邦涂料有限公司设计中心研究发现：色彩可以为产品、品牌的信息传播扩展 40% 的受众，将人们的认知度提高 75%，即在不增加产品成本的前提下，通过改变消费者认知，增强消费者的渴求程度，从而可以提高 30% 的附加值。色彩虽难以构成独立的形象，但可以给人们留下深刻的印象和产生联想，特别是在激发人们情感的视觉心理上，其价值与作用有不可替代的重要性。在包装设计中，色彩主要有三种功能：传达企业形象或产品形象，带来色彩的心理感受，引发消费者的购买欲望。

7.3.1　包装色彩设计的要素

1. 色调

色调是指一幅作品色彩外观的基本倾向。在明度、纯度和色相这三个色彩基本要素中，某种因素起主导作用，就称之为某种色调，如明调、暗调、鲜调、灰调、冷调、暖调、强调、弱调、软调、硬调和重调等。一般在进行包装色彩设计时，最为首要的就是确定其色调风格，使之与品牌特点、商品的特性和品质等相符合。运用不同的色调，会产生不同的设计风格（见图 7-42）。

明艳风格　朴素风格

淡雅风格　清新风格

图 7-42　一组色调风格各异的国外包装设计

2. 视认度

视认度是指配色层次的视觉清晰度。良好的视认度在包装、广告等视觉传达设计中非常重要，可通过色相对比、明暗对比、冷暖对比、补色对比、纯度对比和面积对比等色彩对比手法，来加强包装的视认度（见图 7-43）。

色相对比　面积对比　纯度对比

图 7-43　一组视认度绝佳的国外包装设计

明暗对比　　补色对比

图 7-43　一组视认度绝佳的国外包装设计（续）

除了考虑商品本身的视认度外，还要考虑其他同类产品惯用色彩，提高与其他同类产品之间的差异性，使其具有个性特点，便于消费者辨认购买，甚至产生深刻印象。

3. 色彩感觉

色彩感觉是指对心理产生的作用。色彩不仅对视觉产生刺激，还会让人产生不同的心理感觉，或冷或暖，或软或硬，或轻或重，或远或近，或兴奋或沉静。另外，由于通感的作用，在某种情境下，色彩还能引起味觉感受和发挥音乐的效果。因此，在包装设计时，可充分利用色彩感觉，促使消费者产生喜爱之情，甚至引起共鸣，从而引导消费。

图 7-44 所示为工业设计大师深泽直人的经典概念作品——Juice Skin，其采用特殊材料对香蕉、草莓和猕猴桃的最典型的外部特征进行概括设计，巧妙地将香蕉、草莓及猕猴桃的色彩、造型与包装结合起来，让人们联想到果汁的新鲜可口。该作品将剥开香蕉皮的方法与打开果汁的方式很好地结合在一起，以吸引消费者的购买欲望。

图 7-44　深泽直人的经典概念作品——Juice Skin

Juice Skin 虽然在视觉上具有冲击力，但依然贯彻了日本设计的减法之道：返璞归真，使用与果皮相似的材质与色彩，将水果本体与包装联系起来，直观形象地使消费者感知果汁的原味。

综上所述，好的包装色彩设计能使色彩的表现力、视觉作用及心理影响最充分地发挥出来，在有效传达品牌和商品信息的同时，给人的眼睛与心灵以愉快和美的感受。

7.3.2　包装色彩设计的依据

在进行包装的色彩设计时，主要考虑商品特性、行业属性、品牌标准色和色彩流行趋势等。

1. 商品特性

在包装设计中，商品包装的色彩设计在能够引起顾客视觉关注的同时，还应该能够反映商品的特点和性能。根据色彩表现，可以将包装用色分为以下几类。

（1）标志色　具有不同成分、不同型号的系列产品，通常采用不同色相的包装，以示区分，方便顾客的识别与挑选，如不同口味的饮料、不同香型的香水等（见图 7-45）。

（2）形象色　包装直接体现商品的固有色，使包装内容物的色彩、特点形象化。如蜂蜜包装多采用金黄色，巧克力包装多用巧克力色，牛奶则多以奶白色为主色，饮料多采用其原料的固有色，茶叶包装采用绿色等（见图 7-46）。

图 7-45　采用不同标志色的系列包装设计

图 7-46　采用形象色的包装设计

（3）象征色　象征色不是直接模仿内容物的色彩特征，而是根据广大消费者的共同认识，加以象征应用的一种观念性用色。色彩象征某种寓意或概念，引发消费者的联想与想象，主要用于商品的某种精神属性的表现或一定品牌意念的表现，如中华香烟的包装就选用了象征中华民族的红色。

2. 行业属性

色彩的选用除了要考虑商品本身的特性外，还要符合行业属性及相关法律要求。不同行业的常用包装色彩如下。

（1）食品类　一般用鲜明丰富的色调，以暖色为主，突出食品的新鲜、营养和带给人的味觉感受。例如，蛋糕点心类多用金色、黄色、浅黄色，给人以香味袭人的印象。

（2）酒水、饮料类　啤酒类多用红色或绿色类；高档葡萄酒则选用暗色居多，体现醇厚的口感和高贵的品质；饮料一般选用亮丽活泼的色彩，体现活力。

（3）医药类　一般采用单纯的冷暖色调，给人卫生、专业的感觉。一般蓝色表示镇痛，绿色表示止痛、安定，红色表示滋补、保健，黑色表示剧烈、有毒，而中草药类则多用棕色、褐色、土黄、土红等。

（4）化妆品类　常用柔和的中间色调，以玫瑰色、粉白色、淡绿色、浅蓝色为主，以突出温馨典雅的情致。

（5）五金机械类　常用蓝色、黑色及其他沉着的色块，以表示坚实、精密和耐用的特点（见图 7-47）。近几年，该类产品的包装也经常使用黄色、橙色、绿色和黑色。

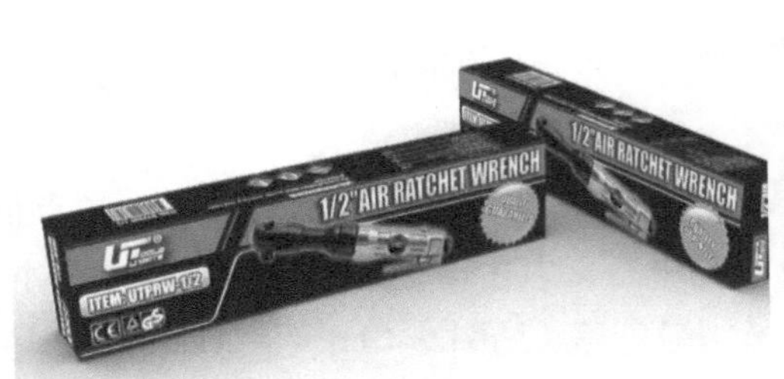

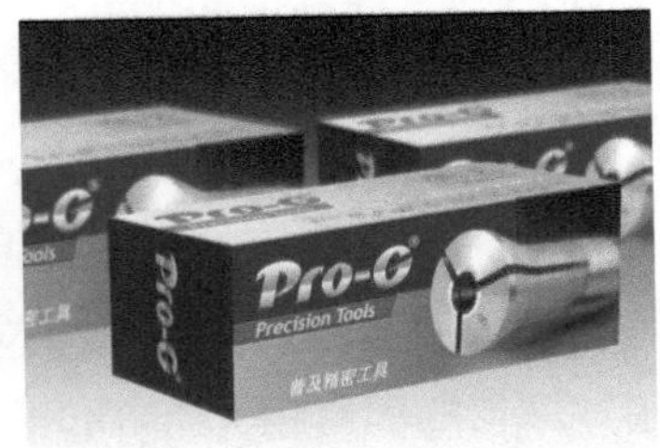

图 7-47　五金机械类包装

案例精讲 46

HAPS 五金店钳子创意包装设计

HAPS 是国外一家五金店。在市场营销计划中，为了增强顾客的忠诚度，该公司计划为买家提供一份礼物——一套钳子。钳子是任何家庭都需要的工具，但其包装大多非常简单，缺乏设计感。澳大利亚设计师 Igor Mitin 为 HAPS 进行产品包装设计，巧妙地把钳子“融合”在虫子的图像里，可谓深谙“移花接木”之术，让冰冷的工具“活”起来，特别逼真（见图 7-48）。

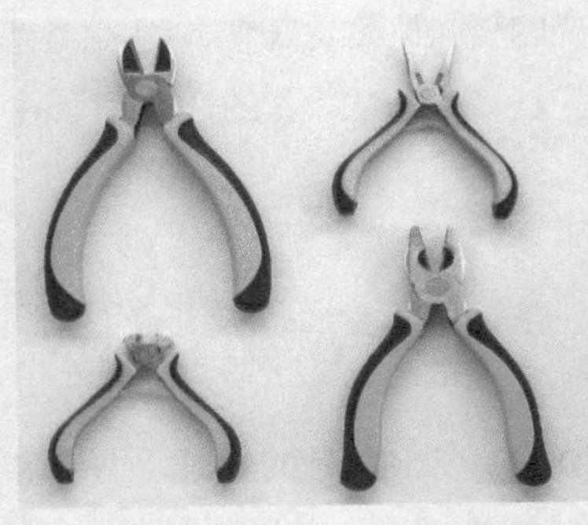

图 7-48　HAPS 钳子工具及创意包装设计

这个项目的难点不在于品牌形象的识别性，因为品牌的颜色和其他要素可以直接复用，而在于如何让冰冷的产品和创意设计结合在一起，让真实产品与包装图案相互支撑，以形成一个完整的设计方案。因为不同的工具有不同的形态特征，而不同昆虫的钳子又有不一样的特点，这就需要设计师在工具与昆虫之间找到共同点。包装采用黑色和黄色的搭配，明度对比强烈，色彩醒目突出。该包装设计方案不仅是一系列有趣的产品包装，也是一个值得纪念的广告。

（6）儿童产品类　常用鲜艳夺目的纯色、冷暖对比强烈的各种色块，以符合儿童的心理和爱好。因为儿童认知事物多出于天性的直觉，他们喜欢鲜艳、明亮的色彩。

（7）体育用品类　多采用鲜明响亮色块，以增加活跃、运动的感觉（见图 7-49）。

（8）服装鞋帽类　多采用深绿色、深蓝色、咖啡色或灰色，以突出稳重、典雅的美感（见图 7-50）。

图 7-49　体育用品类包装

图 7-50　服装鞋帽类包装

3. 品牌标准色

包装不仅是商品的外衣、无声的推销员，还是品牌整体视觉形象当中一个非常重要的组成部分。对于知名品牌而言，包装设计要与品牌形象保持高度的统一，最为有效的设计手法就是采用品牌标识的标准色作为包装色彩。

案例精讲 47

可口可乐与百事可乐的红蓝对战

可口可乐与百事可乐一直以来都是彼此最强劲的竞争对手，由于两种可乐品质和口味上具有极高的相似性，大多数消费者习惯通过两者视觉上的差异进行选择，因此视觉识别系统也越来越成为可口可乐与百事可乐在激烈的市场竞争中进行角逐的重要影响因素。

在可口可乐和百事可乐的竞争中，一边是“要爽由自己”的红色宣言，一边是“蓝色风暴”瞬间引爆，红蓝对阵这种色彩识别被演绎得可谓如火如荼。可口可乐的广告中，代言人纷纷穿着红色上衣，一片火红，十分抢眼。而百事可乐的代言人们更绝，第一次以真实的彩蓝色染发造型出现在广告中。

可口可乐与百事可乐之间的色彩较量在包装方面表现得尤为突出。可口可乐的标准色是红色，无论是可口可乐的瓶装还是罐装，都采用红色，很好地保持了品牌视觉形象的统一性。百年来，其专属的红色给消费者留下了不可磨灭的深刻印象，成为可口可乐一个强有力的品牌象征（见图 7-51）。而且瓶形设计、罐装设计不断推陈出新，一直引领着世界饮料行业的设计潮流。

图 7-51　可口可乐包装

为了区别于可口可乐，百事可乐选用了蓝色作为标准色。百事可乐的罐装设计颇为抢眼，很好地与其品牌视觉形象统一，可谓与可口可乐不相上下。但百事可乐在瓶装设计方面却略逊一筹，瓶形设计不够新潮多变，在色彩运用上也没能与其品牌形象相统一。2008 年受经济危机的影响，百事可乐销量急剧下滑。为挽救颓势，2009 年百事可乐在全球更换了新标志，把旧标志中间均匀的白色飘带变成一端开口小、另一端开口大的“微笑”，且有三个微笑版本，标志变化较大，其包装也纷纷换上新装（见图 7-52）。百事可乐想以此为契机重整旗鼓，但无论是设计界还是消费者，似乎对百事可乐的换标和换装都不太买账。

老包装

新包装

图 7-52　百事可乐包装

4. 色彩流行趋势

色彩流行趋势是时代的产物，不同的时代有不同的色彩偏好，人类某些新发现、新思潮都会影响到色彩的流行。包装的色彩设计也需要把握时代的流行趋势，以及公众的心理变化，只有这样，才能使包装设计产生吸引力，与消费者建立思想上的情感互动。包装设计考虑色彩流行趋势，说到底是考虑市场因素。

（1）自然色　由于受到绿色包装设计浪潮的影响，近几年的一个色彩流行趋势是偏向返璞归真的自然色，如海洋色、沙滩色、亚麻色、竹色、藤色和木色等（见图 7-53）。

图 7-53　自然色的包装设计

（2）撞色搭配　从 2018 年开始，很多包装设计运用了撞色搭配的设计。这个趋势主要是指运用大胆的强对比色，夸张地突出产品的调性，如营养快线的新包装和王老吉的包装设计都运用了撞色搭配的设计，这个配色能产生强烈的对比度，从而突出包装在展示效果中的冲击力。

狭义的撞色，是指补色，如红与绿、黄与紫、蓝与橙；广义的撞色，是将在色相环上相距较远，看上去冲突比较大的两种颜色搭配在一起，形成视觉冲击效果，却又完美统一。例如，橙色与粉红色、苹果绿结合，西瓜红与紫色结合，翡翠绿、铬黄与紫红色等都被毫不相关地随意混合。撞色搭配要注意两点：①一个颜色明度高，另一颜色明度则低，即注意明度对比；②以一种颜色为主色，另一种颜色则为配色，即注意面积对比。

图 7-54 所示为一种撞色搭配的咖啡包装设计，其灵感来自于智利壁画，结合富有艺术感的波普风，采用大胆艳丽的颜色，搭配简单的几何图形，形成一个潮酷个性、色彩明艳的包装风格。搭配高饱和的艳丽背景，辅以适当的留白版式处理，创造了一个有层次及节奏感的包装形象，插入点、线、面的元素，将图案填充得更为饱满，大胆的高饱和撞色迎合了当下的流行趋势，并将波普、撞色的元素应用在产品的各个方面。

图 7-54　撞色搭配的咖啡包装设计

（3）渐变色　渐变色是指某个物体的颜色从明到暗，或由深转浅，或是从一个色彩缓慢过渡到另一个色彩，充满变幻无穷的神秘浪漫气息的颜色。纯粹的渐变色使得色彩更生动缓和，可以丰富整体设计感，却又不会增加视觉负担。合理地使用渐变色，可吸引消费者的视觉焦点、渲染氛围、提升美感、传递情绪等，给人更大的想象空间。

立陶宛 Laroché 糖果厂聘请包装设计公司为其新的系列巧克力创造了一个充满活力、多彩渐变色的包装概念。抽象的纹理被参数化地生成，以可视化地展示每种产品的独特味觉体验。该系列包含红宝石、焦糖、苦甜和牛奶巧克力的包装（见图 7-55）。

图 7-55　渐变色的巧克力包装设计

（4）个性化、多样化　从服装、产品再到包装，人们已经不满足于看到几种常用的基本色，越来越强调自己的个性，渴望拥有独特而新鲜的色彩体验。因此，一些走在时尚前沿的品牌和产品，也在尝试着创造出更多更有魅力的工业色彩，以满足这种日益增多的色彩个性化、多样化需求。

案例精讲 48

绝对伏特加的色彩风暴

绝对伏特加（Absolut Vodka）是世界知名的伏特加酒品牌，多年来绝对伏特加不断采取富有创意而又高雅、幽默的方式诠释该品牌的核心价值——“纯净、简单、完美”。自从 1999 年绝对伏特加全新的营销活动展开以后，绝对伏特加已渗入了多种视觉艺术领域，例如时装、音乐与美术。但无论在何种领域中，绝对伏特加都能凭借自己品牌的魅力吸引众多年轻、富裕而忠实的追随者。享誉国际的顶级烈酒品牌绝对伏特加在《福布斯》（*Forbes*）商业杂志所评选的美国奢侈品牌中独占鳌头，它是烈酒种类中唯一获得此殊荣的品牌。

绝对伏特加于 2012 年底推出全新“绝对不同”限量装（ABSOLUT UNIQUE，见图 7-56）。因各自拥有独一无二的设计与编号，每款限量版产品都成为全球发行 400 万瓶中独一无二的艺术珍品。为了使 400 万瓶“绝对不同”限量装达到“同一款产品，无数种设计”的惊艳效果，绝对伏特加对整个生产流程进行了革新调整，包括安装涂料喷枪与高阶成色机，开发特别程序设计应用于生产线上的涂料合成、图案与喷涂位置等。

通过运用 38 种色彩和 51 种不同图案组成了几乎无穷尽的随机组合，这一艺术设想让原本几乎“不可能完成的任务”纵身跃入了美妙现实之中。这些变幻无穷的色彩与每款瓶身印着特有编号的白色亚光标签形成强烈的视觉对比，令该款限量装格外引人注目。相比其他产品的制作过程，“绝对不同”限量装更像是生产流水线和艺术家工作室相结合后所诞生的作品，它既带有一点“疯狂科学家”的风格，又有点街头艺术的味道。即使绝对伏特加身为全球独具创意的品牌，这仍是个大胆的创举。

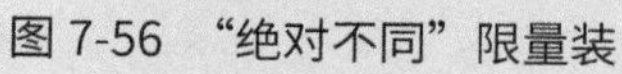
图 7-56 “绝对不同”限量装

7.4 包装的版式设计

7.4.1 版式设计的要点

包装版式设计也称为包装编排设计，就是在一定规格体积的包装上，根据视觉传达的需要和美学法则，将商标、图形、文字、色彩、肌理和条形码等视觉要素进行合理巧妙的编排组合，形成重点突出、和谐统一的整体，即“在有限的视觉空间之内，实现视觉艺术设计的无限想象”。

包装的编排设计与一般平面设计的区别在于：商品包装是由多个面组成的立体形态，因而除了要遵循一般的平面设计的编排原则和形式特点外，还要处理好各个面之间的主次关系和秩序。

1. 主次关系

除了突出表现主体形象外，还必须考虑到主次各个面中每个形象要素之间的对比。例如所有在次面上重复出现的与主面相同的图形和文字形象，均不可大于主面上的形象（见图 7-57），否则，整个包装会造成视觉混乱，破坏整体的统一。

图 7-57 主次分明的包装版式设计

2. 秩序

秩序是把各个面、各个形象要素统一有序地联系起来，除了把握好各形象要素之间的大小关系外，还要确定它们各自所占的位置，并使它们互相产生有机联系。

处理各形象要素之间有机联系的一个比较有效的方法：以主面的主体形象和主体文字为基础，向四面延伸辅助轴线到各个次面上，次面上各形象要素的位置安排在这些延伸的轴线上，然后通过次面所确定的形象要素再延伸辅助轴线到各个次面上，从而确定各个形象要素的位置（见图 7-58），使各个面的形象要素之间产生一种互联，加上处理恰当的主次关系，产生统一有序的秩序感和形式感。

图 7-58 有机联系的包装版式设计

7.4.2 常用的编排手法

1. 对称

对称指的是沿着一条轴线，两侧等质等量的形态要素能够重合。对称是自然界中普遍存在的一种美学形式，可分为轴对称和中心对称。对称让包装显得稳定、有秩序感（见图 7-59），但如果处理不当，就会显得呆板。

2. 均衡

在视觉艺术中，均衡是常见的表现形式。均衡是指在特定空间范围内，采用不等质、不等量的非对称形态要素，保持视觉上力的平衡关系（见图 7-60）。均衡与对称相比，更为生动、活泼，但有时变化过强，则容易失衡。

图 7-59　对称

图 7-60　均衡

3. 动势

动势是运用点、线、面、色彩和肌理等设计元素来创造运动的错觉，如条纹、折线、螺旋线、弧线、箭头等（见图 7-61）。

4. 分割

采用边框或色块，将包装版面分割成若干部分，形成强弱的对比，呈现出明显的秩序感（见图 7-62）。分割应注意比例、局部与整体的和谐统一关系。

图 7-61　动势

图 7-62　分割

5. 节奏与韵律

节奏与韵律是一个普遍存在的、重要的美学法则。节奏强调的是重复的规律性，而韵律显示的是变化的态势和律动美。韵律包括：连续韵律、渐变韵律、发射韵律、起伏韵律。

（1）连续韵律　连续韵律是指同一要素反复出现或几个要素交替出现（见图 7-63）。

图 7-63　连续韵律

（2）渐变韵律　渐变韵律是指连续重复的要素

按一定的规律逐渐变化，可分为形状渐变、方向渐变、大小渐变、色彩渐变、骨骼渐变等形式（见图 7-64）。

图 7-64 渐变韵律

（3）发射韵律 发射韵律是指造型要素围绕一点，犹如发光的光源一般，向外发射所呈现的视觉现象，其主要包括三种形式：螺旋式发射、中心点发射和同心式发射（见图 7-65）。

图 7-65 发射韵律

（4）起伏韵律 起伏韵律是指保持连续变化的要素时起时伏，具有波浪状的韵律特征。

图 7-66 起伏韵律

图 7-66 所示为一款起伏韵律的茶叶包装。该包装采用大面积的绿色背景，包装顶面和主立面有沟壑起伏的条纹肌理，仿佛茶树丛丛，绵延不绝。包装侧立面则形似一片茶叶，脉络清晰。天然有机茶的品质通过包装淋漓尽致地展现出来，似乎悠悠的茶香也隐隐约约地散发出来。

6. 跨面设计

（1）单体跨面设计　单体跨面设计是把单个包装的多个面看成一个有机的整体，将主体形象扩大到包装的两个面或多个面以上的一种编排形式，可有效提升包装的整体性和注目性（见图 7-67）。

图 7-67　单体跨面设计

（2）组合跨面设计　在版式设计时，考虑到同一系列的不同商品，或多个相同的商品放置到一起时的陈列展示效果，将多个包装的版式进行组合编排设计，会产生别开生面、阵容强大的视觉效果（见图 7-68）。

图 7-68　组合跨面设计

图 7-69 所示为国外某一品牌的蜂蜜包装设计，该包装设计诠释的是“滴滴皆珍贵”的品牌理念。该品牌的每一滴蜂蜜都需要勤劳的蜜蜂光顾 200 万个花朵，因此每一滴都是琼浆玉液，设计师想通过图形将蜂蜜的珍贵表现出来。

黑色与金黄色的色彩搭配，明暗对比强烈。包装从顶面到主立面模切出水滴的样子，透出里面的玻璃容器。从远处看去，玻璃的晶莹剔透，加上水滴形的外轮廓，像极了正在从高处缓缓滴落而下的蜂蜜，不禁让人垂涎欲滴。

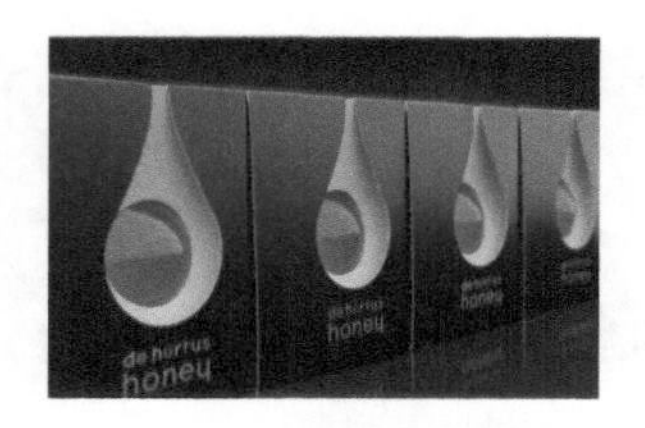

图 7-69 滴滴皆珍贵的蜂蜜包装设计

7.4.3 系列包装版式设计

系列包装版式设计是指针对某一系列产品，通常以商标为中心，在图形、文字、色彩、构图等方面进行统一的包装版式设计。系列包装的形状尺寸往往各不相同，因此版面编排要因地制宜，既要风格统一，又要富有变化、各具特色。

案例精讲 49

系列化镂空的珠宝包装设计

国外某珠宝品牌包装设计分成了 01 到 06 六个系列，采用了统一的黄、绿、粉、蓝、白色系，通过数字的排列，以及圆点、色彩的位置变化来区分。在包装的正面设计一个镂空的圆形，从而可以清晰地看到产品的主要部分，方便消费者认知产品，也更利于产品的排列和展示，部分镂空给包装带来神秘感。在包装的部分颜色上加入烫金工艺，这使包装变得更有层次感和质感，凸显了奢华、高贵的品牌形象（见图 7-70）。

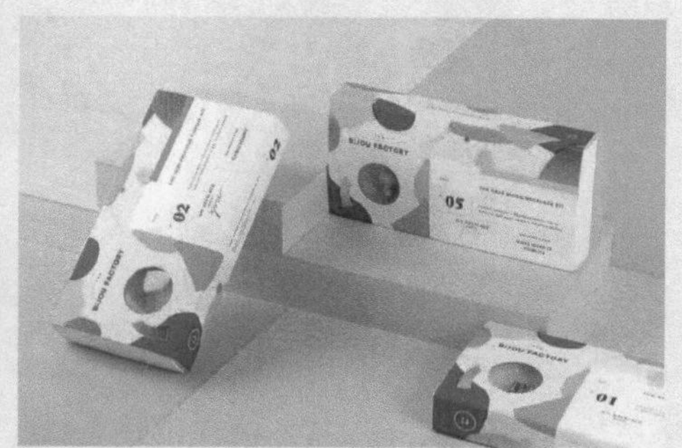

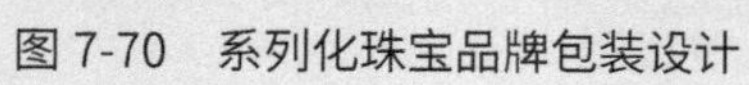

图 7-70 系列化珠宝品牌包装设计

思考练习题

1. 版式设计常用的编排手法有哪些?
2. 结合第 5 章、第 6 章的习题，继续进行版式设计，绘出设计草图。

第8章

包装印刷与工艺

Bettea
HERBAL COLLECTION
RELAXING
CAFFEINE FREE
№34
ROOIBOS

包装设计只有经过大量的复制才能体现出其实用价值，而印刷则是进行大量复制最为有效而经济的手段。从世界范围看，包装产品约占到所有印刷品的 20%，并以每年 5% 的增长率增长。在亚洲，包装产品占所有印刷品的比重约为 29%，并有 7% 的年增长率。

包装印刷是提高商品的附加值、增强商品竞争力和开拓市场的重要手段和途径。一件包装设计的最终效果，取决于文字、图形、色彩等要素经过印刷后，在包装材料上的反映。设计师应该了解必要的包装印刷工艺知识，以及最新的表面处理工艺，使设计出的包装作品更具有功能性、美观性和新颖性。

8.1　印刷的基本要素

从原稿设计到印刷成品的整个印刷过程中，除了原稿之外，还有四个基本要素：印版、油墨、承印物和印刷机械。

1. 印版

印版是用于将原稿上图文部分的油墨传递至承印物上，进行大量复制印刷的重要载体。原稿上的图文信息体现到印版上，印版的表面就被分成着墨的图文部分和非着墨的空白部分。印刷时，图文部分黏附的油墨在印刷压力的作用下，转移到承印物上。印版根据图文部分和非图文部分的相对位置、高度差别或传送油墨的方式，可分为凸版印版、平版印版、凹版印版和孔版印版等。根据印刷画面的效果，印版又可以分为线条版和网纹版。

（1）线条版　线条版用于印刷单线平涂的画面。黑白线条原稿通过照相（不加网）或连续调原稿时使用的线条网屏，转换成相应的线条，记录在硬性感光材料上，经显影、晒版，制成只有单一阶调的印版。彩色线条原稿则通过照相分色（不加网），制成规格、尺寸一致的几个印版进行套印，可得彩色线条复制品。这种复制品虽有单一阶调的单色、两个单色叠加起来的间色、三个单色或更多单色叠加起来的复色，但总体上颜色变化较小，不如网点图版变化丰富。

由于印刷技术条件的限制，线条版套色叠印时一般很难做到十分准确，因此应尽量避免相同的图形和文字的叠印，以免套印不准影响印刷质量。但在较大面积的底色块上，局部叠印文字或图形的效果则较好。

（2）网纹版　网纹版主要用于印刷图片及渐变色等连续色调的画面，采用电子分色加网制版。网纹的形状有多种，有点状、沙状、线状、布纹状等，通常使用的是点状的网纹。需要设置合理的网线数目和角度，以保证原稿色调的最大还原。在印刷时，一张版只能印刷一种颜色，多色画面则需要多张版分多次印刷套印才能完成。

2. 油墨

油墨是在印刷过程中被转移到承印物上的各种物质的总称，是由有色体（如颜料、染料等）、联结料、填料、附加料等物质组成的均匀混合物。油墨是印刷过程中用于形成图文信息的物质，因此油墨的质量直接决定着印刷品上图像的阶调、色彩、清晰度等。油墨应具有鲜艳的颜色、良好的印刷适应性、合适的干燥速度，还应具有一定的耐溶剂、酸、碱、水、光、热等应用指标。

对于包装印刷油墨一般有以下要求：①油墨细腻、墨色纯正；②在空气和光照下不易变色和褪色；③与同类油墨相互调和不会变质；④食品包装不得使用常规油墨，必须确保印刷后油墨中的溶剂全部挥发，对于油墨则要求固化彻底，不能含铅及其他有害物质，并达到食品行业的相应标准；⑤化妆品、儿童用品、卫生用品等包装的印刷油墨不能有异味，必要时可加入香料。

随着印刷技术、印版、纸张及其他承印物的要求越来越高，对油墨要求的技术条件也有所提高，油墨的品种也在不断增加，环保油墨、特种油墨将是未来油墨制造业的重要研究课题。

（1）环保油墨　采用环保油墨，既不对环境造成污染，又不对操作人员造成身体危害，还不会对内装物品造成损坏。已经面市的环保油墨有水性油墨、紫外（UV）固化油墨、电子束（EB）固化油墨、CrystalPoint 工艺墨粉等。

（2）特种油墨　使用特种油墨已成为一种新兴的改进包装外观效果、提高竞争力的有效方式。目前面市的特种油墨包括 UV 仿金属蚀刻油墨、发泡油墨、香味油墨、珠光油墨、荧光油墨、变色油墨、冰花油墨和夜光油墨等。

例如：针对不同香型的化妆品，可使用不同香味的油墨进行印刷，这样消费者在接触产品时就能闻到阵阵芳香，可有效激发其购买欲望；使用变色油墨进行印刷，当消费者用手触摸变色油墨印刷区域时，就可观察到其因温差而产生的颜色或图案变化，从而极大地刺激购买兴趣；还有一些化妆品纸盒包装在其表面增加了使用特种油墨印刷的功能性测试条，引导消费者进行相关测试，这种新型包装方式深受消费者的青睐。

3. 承印物

承印物是能够接受油墨或吸附色料并呈现图文的各种物质的总称。随着包装材料、印刷技术的不断发展，承印物的种类也越来越多，主要有纸张类、塑料薄膜类、塑料容器类、金属类、木材类、纤维织物类和陶瓷类等，目前用量最大的是纸张类和塑料薄膜类。承印物由于具有不同的性能特点，因此对印刷方式和油墨有不同的要求，印刷效果也不尽相同，设计师应充分掌握主要承印物的特点和相应的印刷工艺。

4. 印刷机械

印刷机械是用于生产印刷品的机器设备的总称，它的功能是使印版图文部分的油墨转移到承印物的表面。随着印刷技术的发展，印刷机械也从传统有压印刷的单张纸印刷机、卷筒纸印刷机、单色印刷机、多色印刷机等发展到无压印刷的数字印刷机。

印刷机械是随着印刷技术的发展而变化的，但同时也影响着印刷技术的变革。所有的印刷机基本都包括输纸、输墨、印刷、收纸等基本装置，平版印刷机还带有输水装置，数字印刷机还带有成像装置。

印刷机械包括印前设备、印刷设备和印后设备。

（1）印前设备　印前设备包括激光照排机、电子分色机、打样机、彩喷机和激光扫描仪等。

（2）印刷设备　滚筒印刷机用于印报纸、图书、期刊、杂志、画册等，有国产和进口之分。按印刷幅面大小，印刷设备可分为全开印刷机、对开印刷机、四开印刷机、八开印刷机。按印刷机的印刷色数，印刷设备又分为单色印刷机、双色印刷机、四色印刷机等。印刷设备还分为手动操作、机械操作、计算机全自动操作的设备。

（3）印后设备　印后设备包括拆页机、切纸机、烫金机、压纹机、模切机、打码机、覆膜机、装订机和包装机械等。

8.2　印刷工艺流程

从印刷工程的角度看，印刷应包括印前、印刷和印后三个工程环节。一件印刷品的完成，无论采用哪一种印刷方法，一般都要经过原稿的设计和处理、分色、制版、印刷、印后加工等过程（见图 8-1）。

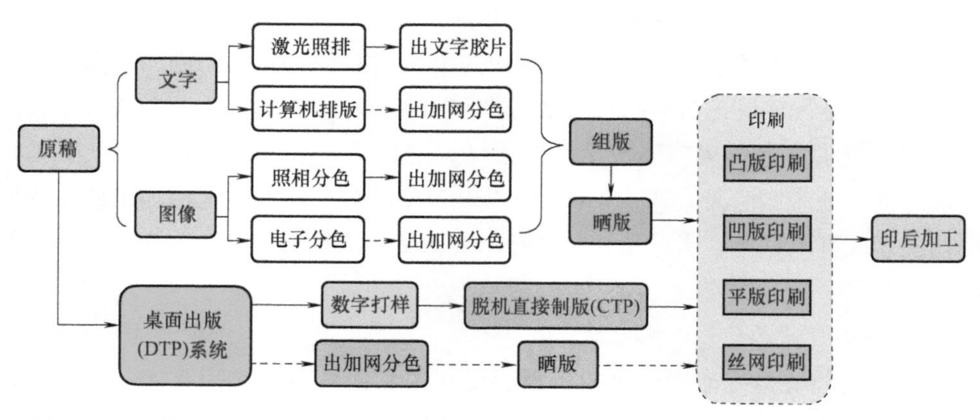

图 8-1　印刷工艺流程示意图

8.3　印前工艺

“印前”即印刷之前的处理过程，印前工艺又称为“制版工艺”。随着计算机技术、激光照排技术等在印前工艺中得到广泛应用，印前技术发生了翻天覆地的变化，其主要特征是以数字形式描述页面信息，以电子媒体或网络传递页面信息，以激光技术记录页面信息，并朝着高效化、一体化的方向发展。印前工艺主要包括原稿设计与处理、分色、加网、制版等。

8.3.1　原稿设计与处理

设计原稿是印刷复制的基础，确定了最终印刷品的基本面貌。采用相应的计算机设计软件进行原稿设计，如图像编辑软件 Adobe Photoshop、矢量绘图软件 Adobe Illustrator 和 CorelDraw、彩色排版软件 QuarkXPress 和 Adobe InDesign 等。

在印刷前，还需对设计原稿的文字、图形、色彩进行处理和校正，将它们组合在一个版面上，并输出分色胶片，再制成分色印版或直接输出印版，然后将其交付给印刷厂进行印刷制作。设计师应在计算机制作环节，确保包装设计文件符合出片及印刷要求，主要注意事项如下。

1. 分辨率

通常情况下，需要在图像文件创建之初，根据其最终的用途设置正确的分辨率。为确保印刷质量，用于彩色印刷的图像文件的分辨率应为 300PPI（Pixel Per Inch，像素 / 英寸）。

2. 色彩输出模式

由于包装多采用印刷色彩模式进行印刷，所以在设计之初，应将文件的色彩模式设置为 CMYK 模式（印刷色彩模式）。与此同时，还应注意图形、文字的色彩在设计软件与印刷成品中的色差问题，可以依据印刷色谱中的颜色图样进行逐一校正，修改相应的色值。

3. 专色设置

专色是指除四色（黄、品红、青、黑）之外的特别色。为了追求色彩的饱和度和艳丽效果，如对于一些通过四色套叠也难以印出的颜色，纯正色足的深红、深蓝、深绿，以及印金、银等油墨的颜色，可以通过设置专门的颜色印版来达到目的。专色版印刷的油墨颜色要专门调制，因此要输出专门的分色胶片，应附上准确的色标，以作为打印和印刷过程的依据。

4. 标识线的绘制

设计时应将裁切线、咬合部分、镂空部分、压痕线等在设计软件中标识清楚。标识线的样式也有严格的要求，凡是需要裁切的部分都绘制粗实线，凡是需要折叠的部分都绘制成虚线。在绘制时一定要准确无误，不能有丝毫偏差，否则会影响到成品精度，以至于不能成形。

5. 出血设置

在包装设计文件中，色块和图片的边缘线应扩到裁切线以外约 3mm 处，称为“出血”或“放口”（见图 8-2），以保证在印刷后进行成品裁切时，不会因误差而露出白边，做到色彩完全覆盖到要表达的地方。“出血线”是用于界定图片或色块的哪些部分需要被裁切掉的线，出血线以外的部分会在印刷品装订前被裁切掉，所以也称为“裁切线”。

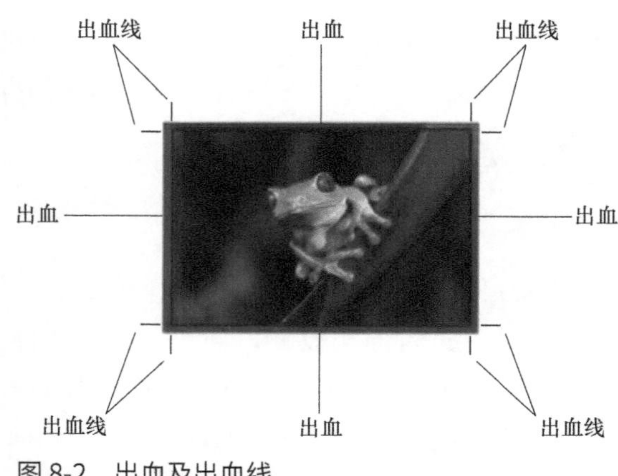

图 8-2　出血及出血线

6. 套准线设置

当设计稿需要两色及以上印刷时，就需要制作套准线，目的是印刷时套印准确。套准线通常安排在版面的四角，呈丁字形或十字形。

7. 条形码

条形码又称通用商品代码，是由一组粗细、间隔不同的黑白平行线条所组成，下面配有数字的代码语言。条形码能使计算机快速有效地对商品进行自动识别、计价、分类、汇总等。

条形码的摆放应注意以下两点。

1）条形码的位置应按国家标准《商品条码　条码符号放置指南》（GB/T 14257—2009）规定摆放。一般应放在包装印刷面的左下方，如包装底部、背面、侧面等。总之，要方便收银员的寻找和扫描，并确保不破坏包装的美观。

2）条形码图片文件的颜色模式应设置成“灰度”模式，以确保印刷时其黑色部分颜色的纯度，以免因色差对商品条码的扫描输入造成影响。

随着个性化需求的日益增长，条形码不再只具有扫码记录商品信息的功用，而成为一种个性化的创意元素，成为新的包装亮点。有的包装设计将条形码作为主体形象放置在醒目的位置，有的对条形码进行图形创意设计，别有一番趣味和新意，引起人的注意（见图 8-3）。

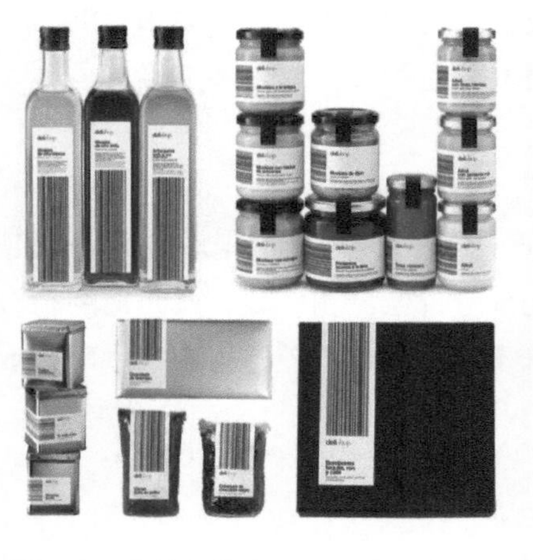

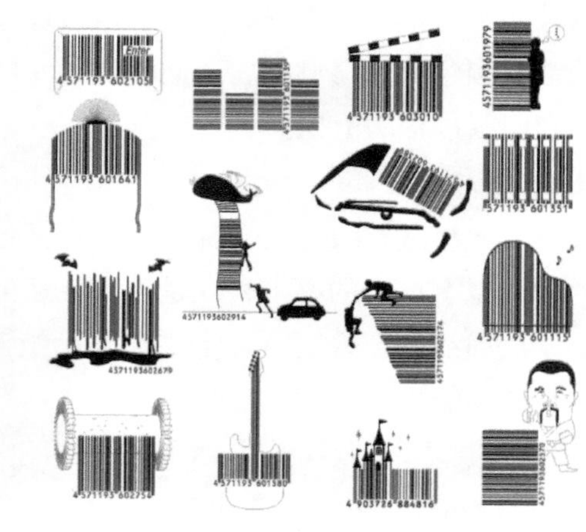

图 8-3　个性化的条形码创意设计

8. 文字输出

在版面文件中所使用的字体，首先要确认输出中心是否有该字体，如果没有，则需要连同版面文件一起携带，或根据所应用的软件将其“转换为曲线”或“栅格化”，转成曲线后文字的节点数控制在1500点以内，避免产生因输出中心无此种字体而无法输出的问题。

8.3.2　分色

彩色设计稿或彩色照片的颜色有成千上万种，若要把这些颜色逐个印刷，几乎是不可能的，印刷上采用的是四色印刷方法。“分色”就是将原稿上的各种颜色分解为黄、品红、青、黑四种颜色，即由RGB颜色模型转换成CMYK颜色模型。印刷时再通过四色套印，实现设计原稿效果的模拟还原。

1. 照相分色

根据三原色原理，彩色原稿经过红（R）、绿（G）、蓝（B）滤色镜在感光片上曝光，分摄成青（C）、品红（M）、黄（Y）三种印版的分色底片。为了加强暗部的深度层次，还需加一张黑色（K）的分色片，这样就构成了彩色印刷的四原色（CMYK）。

2. 电子分色

电子分色又称电子扫描分色，由扫描系统、控制系统和记录系统三部分组成。将照片、原稿或反转片紧贴在电子分色机的滚筒上，当机器转动时，分色机的曝光点直接在原稿上逐点扫描，所得到的图像信息被输入计算机，经过精密计算后，再扫描到感光软片上，形成网点分色片。电子分色比照相分色更加快捷准确，效果精美，而且在计算机上可以做多方面的调整和修改，是目前最高水准的分色方式，已被广泛采用。

8.3.3　加网

在印刷过程中是通过把不同量的青色、品红色、黄色和黑色油墨，以网点的形式叠印在一起来表现各种彩色的。每次印刷时只能使用一种油墨，而且油墨的浓度保持不变。由于分色后的图像是四个具有连续色调的灰度图，为了在印刷时获得连续色调，需要对灰度图进行挂网处理。

挂网也称为加网，就是把连续色调的图像分解成网点的过程。加网后的图像，用网点的大小和疏密反映图像实际色的深浅层次。基于人的视觉效果，当近距离观察图像时，网点及其周围的空间可形成连续色调的假象：较大的网点看起来暗，较小的网点看起来亮；网点稠密的区域看起来暗，网点稀疏的区域看起来亮。

1. 挂网线数

由于印刷品是由网点组成的，因此印刷图像加网线数是指印刷品在水平或垂直方向上每英寸的网线数，即挂网线数或印刷分辨率，其单位是 LPI（Line Per Inch，线 / 英寸）。例如，150LPI 是指每英寸加有 150 条网线。挂网线数是印刷工艺上的一项重要技术指标：85～100LPI 用于报纸，100LPI 一般用于胶版纸图书、期刊印刷，130LPI 一般用于教科书黑版图片印刷，150LPI 一般用于普通刊物及杂志印刷，175LPI 用于画报和商业图片印刷，200LPI 以上用于高档豪华画册的印刷。

挂网线数与纸张、油墨、印刷机等有较大关系，如果在一般的胶版纸上印刷挂网线数过高的图片，则该图片的印刷不但不会复制得更精美，反而因印刷网点扩大变得一团模糊，所以印前输出菲林（或 CTP 印版）前必须先了解印刷用纸类型、印刷机型、生产工艺再决定挂网的精度。纸张质量差、印刷机性能低、油墨质量差等，挂网线数应较低，反之应较高。

另外，图像分辨率 PPI 与 LPI 既有联系又有区别：一般原则是 PPI 要高于 LPI，通常情况下 2×2 个以上的像素生成 1 个网点，即 LPI 应是 PPI 的 1/2 左右。

2. 网点大小

网点大小是由网点的覆盖率决定的，也称“着墨率”。习惯上用“成”作为衡量单位，比如 10% 覆盖率的网点就称为“一成网点”，50% 覆盖率的网点称为“五成网点”，0% 覆盖率（即没有网点）称为“绝网”，100% 覆盖率的网点称为“实地”。

印刷品的阶调一般划分为三个层次：亮调、中间调和暗调。亮调部分的网点覆盖率为 1～3 成，中间调部分的网点覆盖率为 4～6 成，暗调部分则为 7～9 成（见图 8-4）。

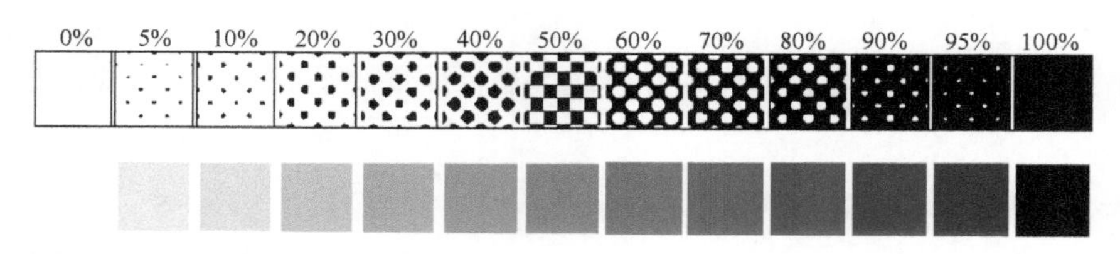

图 8-4 网点覆盖示意图

3. 网点角度

网点角度是指网点排列线与水平线之间的夹角，一般以逆时针方向测得的角度为准。链形网点的纵向与横向形状不同，相差 180° 的两列方向是完全一致的，其网点角度为 0°～180°。而方形网点与圆形网点相差 90° 时，其角度就是一致的，所以其角度为 0°～90°。

一般来说，两种网点的角度差在 30° 和 60° 的时候，整体的干涉条纹最美观；网点角度差为 45° 的次之；当两种网点的角度差为 15° 和 75° 的时候，干涉条纹就会很明显，产生比较明显的摩尔条纹（龟纹），有损图像美观（见图 8-5）。

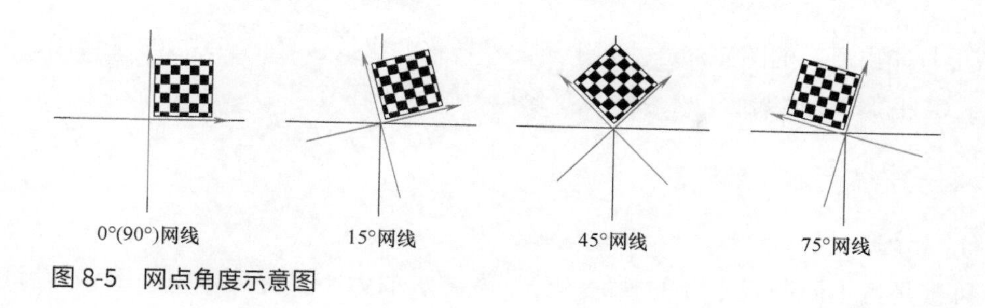

图 8-5　网点角度示意图

8.3.4　制版

制版是将原稿复制成印版的统称。印版是使用油墨来进行大量复制印刷的媒介物，大多采用金属版、塑料版和橡胶版。目前的制版方式主要有菲林制版（需要胶片）和脱机直接制版（不需要胶片）两种。

1. 菲林制版

印刷制版分色所用的透明胶片称为“菲林片”，相当于照片的底片。四种颜色要出四张菲林片，菲林片都是黑白的，等到印刷的时候再对号入座，哪种颜色就用哪种油墨印刷，之后进行套印。传统菲林制版目前有两种实现方式。

（1）激光照排制版　激光照排机将计算机里制作的图像和文字分解为点阵，然后控制激光在感光底片上扫描、曝光，使胶片生成潜影，经胶片显影机显影、定影、水洗、烘干后完成激光照排的全过程，然后人工将胶片拼在预涂感光版（PS）版上，并晒版。激光菲林由于其高达近百元每平方米的使用成本，而逐渐被喷墨菲林代替。

（2）喷墨制版　利用喷墨打印的原理，把分色好的文件通过打印机输出到专用的喷墨胶片上。喷墨的墨点黑且精确，网点形状、角度可调节，生成的网点和线条清晰，完全可以代替激光照排机出片，效果完美；但其成本却远远低于激光照排机制版成本，精度基本能满足大部分印刷的要求。因此喷墨制版是目前传统制版的主要方式。

2. 脱机直接制版

为了加快制版速度，减少中间环节和网点损失，提高印刷质量，20 世纪 70 年代末期，美国、日本一些公司开始研制开发 CTP（Computer To Plate，脱机直接制版）系统和版材，并于 20 世纪 80 年代形成初级产品。进入 20 世纪 90 年代以后 CTP 技术得到了迅速发展，正处在推广应用阶段。

随着数字化印刷时代的到来，CTP 技术将成为印前工业的必然发展趋势，它较 20 世纪 80 年代中期兴起的彩色桌面出版（DTP）系统有很大进步，可以说是印刷工业的又一次技术革命。CTP 制版是将电子印前处理系统（CEPS）或彩色桌面出版（DTP）系统中编辑的数字或页面直接转移到印版的制版技术。CTP 采用全新的物理成像技术思路，彻底摆脱激光和感光材料的使用，利用喷墨设备直接在胶片、纸张、

PS 版上打印出所需的图文部分，减少了图像转移的次数，真正实现 100% 转印，无内容损失，直接输出大幅面，无须拼版、修版、晒版等环节。

8.3.5 拼版与晒版

1. 拼版

拼版是把不同制版来源的软片，分别按要求的大小，拼到印刷版上，然后再晒成印版进行印刷。印刷品不总是 16 开、8 开等正规开数（常用 K 表示）的，特别是包装盒、小卡片，通常是不符合通常开本尺寸的，拼版的目的是尽可能地把印刷成品放在合适的纸张开数范围之内，以最大限度地利用印刷机的面积，节约印刷成本。

2. 晒版

在网版、PS 版、树脂版的表面涂上一层感光膜后烘干，将有图像的胶片覆盖在上面，通过强光照射胶片，胶片上的图像被曝光影印到版材的感光膜上，这个曝光影印的过程俗称“晒版”。

8.4 印刷的种类

根据工艺原理的不同，印刷可分为凸版印刷、平版印刷、凹版印刷和丝网印刷四类。

8.4.1 凸版印刷

凸版印刷与盖印章的原理类似，印刷版面上印纹凸出，非印纹凹下，当油墨滚过时，凸出的印纹蘸有油墨，而非印纹的凹下部分没有油墨。当纸张在承印版面上承受一定的压力时，印纹上的油墨便被转印到纸上。

凸版印刷是人类最早发明并普遍使用的一种印刷技术。凸版印刷分为雕版印刷、活版印刷和柔版印刷三类。其中，雕版印刷和活版印刷是比较古老的印刷术，目前已经极少使用；柔版印刷是当前使用较为普遍的一种凸版印刷方式。

柔版印刷也称为“橡胶版印刷”，采用轮转印刷方法，把具有弹性的凸版固定在辊筒上，由网纹金属辊施墨。可在较宽的幅面上进行印刷，不需要太大的印刷压力，而压力大时则容易变形。柔版印刷效果兼有活版印刷的清晰，平版印刷的柔和色调，凹版印刷的厚实墨色和光泽。但由于印版受压力过大，容易变形，因此设计时应尽量避免过小、过细的文字及精确的套印。柔版印刷广泛适用于塑料软包装、复合材料、纸板和瓦楞纸等多种印刷材料，而且制版成本较低、质量较好，现在已逐渐得到重视与广泛应用。

8.4.2　平版印刷

平版印刷是用平版施印的一种印刷方式。传统平版印刷是采用油水相斥原理，将基本处于同一平面的图文部分和空白部分赋予不同的物理和化学性质，使图文部分亲油斥水，空白部分亲水斥油。印刷时先在版面施水，再施墨，使图文部分着墨，并将图像传递到纸张上。

现在所说的平版印刷泛指胶版印刷，简称“胶印”，是目前使用最普遍的一种平版印刷方式。采用PS版，印版上的图文先印到胶皮（橡皮布）上，再转印到承印物上。胶印能以高精度清晰地还原原稿的色彩、反差及层次，适用于海报、简介、说明书、报纸、包装、书籍、杂志和月历等印刷品。

8.4.3　凹版印刷

与凸版印刷原理相反，凹版印刷的印纹部分凹于版面，非印纹部分则是平滑的。当油墨滚到版面上，自然陷入凹下去的印纹里。印刷前将印版表面的油墨刮擦干净，只留下凹纹中的油墨。放上纸张并施以压力后，凹陷部分的印纹就被转印到纸上。凹版印刷分为雕刻凹版、照相凹版和电子雕刻凹版三类。

1. 雕刻凹版

雕刻凹版印刷技术由版画艺术发展而来，以线条的粗细及深浅来体现印刷效果，适合表现文字、图案，多用于印刷票证和线条细腻的包装。

2. 照相凹版

照相凹版（影印版）印刷技术利用感光和腐蚀的方法制版，适合表现明暗和色调的变化，常用于画面精美的包装印刷。

3. 电子雕刻凹版

20世纪中期，开始出现凹版电子雕刻机，并产生电子雕刻凹版印刷技术。它用扫描头和计算机控制的钻石刻刀，在滚筒上刻出图文的着墨孔穴，呈倒金字塔形，通过孔穴大小和深浅的变化表现图形。其印刷质量不亚于照相凹版，并具有操作简单、制版时间短、无废液处理问题等优点。

凹版印刷由于受压力较大，油墨厚实，表现力强，色调丰富，版面耐印度好，因此适用于印制高品质及价值昂贵的印刷品。无论是彩色图片还是黑白图片，凹版印刷效果都能与摄影照片相媲美。但制版费用较高，工艺较复杂，不适用于小批量的印刷，常用于印刷包装塑料、包装纸、纸盒和瓶贴等。另外，凹版印刷品由于不易被假冒，因此适用于印制纸币、有价证券、股票、礼券和商业性信誉的凭证等。

8.4.4　丝网印刷

丝网印刷也称为“孔版印刷”，是将印纹部位镂空成细孔，非印纹部分不通透，印刷时把墨装置在版面之上，而承印物在版面之下，印版紧贴承印物，用刮板刮压使油墨通过网孔渗透到承印物的表面上。

丝网印刷油墨浓厚，色泽鲜艳，主要利用版面上的孔隙大小来控制，操作简便。丝网印刷的灵活性是其他印刷方法所不能比拟的，不但能在平面上印刷，也能在弧面或立体承印物上印刷。印制的范围和对承印物的适用范围很广，除纸张外，也可以在布、塑胶面料、夹板、胶片、金属片和玻璃等承印物上印制。常见的印刷品有横幅、锦旗、T 恤、瓦楞纸箱、汽水瓶及光盘等。缺点是印刷速度慢，以手工印刷为主，不适用于批量印刷。

8.5 印后加工工艺

在印刷完成后，为了提高印刷品的美观性和特色，通常需要进行印后加工。印后加工是保证印刷品质量并实现增值的重要手段，对印刷品的最终形态和使用性能起着决定性的作用。常见的包装印后加工工艺主要包括上光、覆膜、模切压痕、烫印和凹凸压印等。

1. 上光

上光是指在印刷品表面涂（或喷、印）上一层无色透明涂料，经流平、干燥、压光后，在印刷品的表面形成薄而均匀的透明光亮层的技术和方法。油墨干燥后起保护及增加光泽的作用，且不影响纸张的回收再利用。因此，上光被广泛地应用于包装纸盒、书籍、画册、招贴画等印刷品的表面加工。上光工艺按上光油的干燥方式不同，可分为溶剂挥发型上光、UV（紫外线）上光和热固化上光等。

2. 覆膜

覆膜是指以透明塑料薄膜通过热压覆贴到印刷品表面。它不但提高了印刷品的光泽度和强度，延长了印刷品的使用寿命，同时又起到防潮、防水、防污、耐磨、耐折和耐化学腐蚀等保护作用，并能显著提高商品包装的档次和附加值。

用黏合剂或热黏合的方法将两种或两种以上的基材（纸、塑料薄膜、铝箔等）黏合在一起，可形成复合膜。复合膜一般既具有各基材的优良性能，又弥补了相互的不足，在一定程度上满足了包装多种物品的要求，尤其在食品包装中得到广泛的应用。

3. 模切压痕

模切压痕又称压切成形、扣刀等。当包装印刷纸盒需要切制成一定形状时，可通过模切压痕工艺来完成。模切是以钢刀片排成模（或用钢板雕刻成模）、框等，在模切机上把纸张轧切成一定形状的工序。例如，包装主立面的开窗部分就是采用模切工艺所得，并成为整个包装中的个性化装饰。压痕是利用钢线，通过压印在纸片上压出痕迹或留下供弯折的槽痕。

4. 烫印

烫印是一种不用油墨的特种印刷工艺。先将需要烫印的部分支撑在凸版下，在凸版与印刷品之间放置电化铝箔，经过一定的压力和温度，将电化铝箔烫印到印刷品表面，呈现出强烈的金属光，使印刷品具有高档的质感。电化铝箔有金、银及其他颜色，在包装上主要用于品牌等主题形象的突出表现处理。同时由于铝箔具有优良的物理化学性能，可起到保护印刷品的作用。这种方法不仅适用于纸张，还可用于皮革、纺织品、木材等材料。

5. 凹凸压印

凹凸压印简称“压印”，使用凹凸模具，在一定的压力下使印刷品基材产生塑性变形，从而对印刷品的表面进行艺术加工。这种工艺多用于包装的品牌、商标、主体形象，压印出的各种图文显示出深浅不一的纹样，具有明显的浮雕感，增强了印刷品的立体感和艺术感染力。

8.6　特殊印刷与表面工艺

8.6.1　全息图像

全息印刷是一门新兴的工艺技术，它利用全息照相技术和光栅原理，在二维的载体上三维地记录被摄物体各点反射光的全部信息，并制成全息图像的母版，再对塑料薄膜进行模压、镀铝等工序，复制出批量有立体感的全息图片。从2016年开始，包装上印有全息图像成为一大主要趋势。

全息是一种新技术，可以显示产生三维效果的图像。薄膜包衣和制造技术的进步，不断推动全息印刷在包装中的应用，从而带来醒目的视觉效果。全息图像不光是一种工具，可用来区分品牌，也能够帮助包装提升合规性及防伪力度。

在包装中，全息效果往往是因为使用特殊浮雕材料而形成的，在某些情况下，使用特殊的油墨和印刷技术也可形成全息效应。全息效应通常是由具有银铝薄层金属化的基片表面产生的，将全息图案压花到铝表面，表面结构折射光，从而产生不同的颜色和三维外观。虽然这是一种常见的方法，但不同的印刷供应商会有他们各自的工艺过程，涉及特殊油墨、基板或其他方法。

全息图像可为塑料或纸张带来无玷污的金属效果，为任何材质带来光彩和闪耀的质感。全息技术可以把平凡变成非凡，实现深度、三维和阵列各种颜色。全息图像的颜色会根据视角而变化，为任何包装都能增添较高的艺术性和欣赏价值（见图8-6、图8-7）。模压全息图像作为一种促销手段，特别受食品工业界的重视，许多厂商将模压全息图像作为食品的包装装潢设计，有的则把全息图像做成卡片放在食品袋中，以增加人们尤其是孩子们购买食品的兴趣。

图 8-6 全息图像的手提袋

图 8-7 全息图像的茶包

8.6.2 肌理设计

随着包装材料、印刷技术、表面处理工艺等技术的不断发展，以及个性化市场需求的增长，包装设计也不再局限于传统的视觉传达设计，开始出现了一个新的设计趋势——肌理设计（“质感设计”），即在包装表面创造出特殊的肌理和立体感，在视觉美感之外，给消费者带来独特的触觉体验。

“肌理”又称“质感”，指物体表面的组织纹理结构，如高低不平、粗糙平滑等纹理变化。包装肌理主要分为两类：①天然肌理，如木材、藤、竹、皮革和纺织品等的纹理；②人造肌理，即通过先进的工艺手法，对材料表面进行技术化和艺术化的处理，使其具有材料本身所没有的肌理特征。

在包装设计上，可使用箔片、拉丝、抛光、折光、压花、阴刻、浮雕、烫金、凸字、激光雕刻、皮革镶嵌、编织、磨砂和植绒等特殊表面工艺，创造出与众不同的特殊质感，可显著提升包装的品质与档次（见图 8-8）。

图 8-8　一组特殊质感的新潮包装设计

案例精讲 50

回归自然的包装设计

“不只葡萄酒有机，包装也要耍心机”。图 8-9 所示为国外某有机葡萄酒品牌的新包装。为了呈现葡萄酒纯净自然的酒质，从葡萄园中就地取材，将天然的巴萨木片制成酒标，采用精致的激光雕花，雕刻出品牌字样和酒名；并用回收纸制成葡萄叶造型的包装纸，设计成以假乱真的翠绿叶片，叶片脉络连接成英文字母“A”；使用麻绳环绕瓶身固定木片酒标，并在瓶后烙上红色的封蜡。巧妙的包装设计让消费者从外表便可以品味该葡萄酒的生态之美。

图 8-10 所示的 Pchak 干果包装突破现有干果的袋包装形式，形似树桩，树皮和年轮极其逼真，体现了回归自然的设计理念，因为果子本身就是长在树上的。树洞里存着干果，既利于直观地展示产品，又似乎在讲述一个童话故事，引发消费者的联想与想象。该包装设计同时考虑了堆叠展示的效果，将树洞错位摆放，组合在一起陈列，既节省货架空间，又能形成独特而惊奇的景观，绝对引人注目，刺激购买欲望。

图 8-9 有机葡萄酒包装

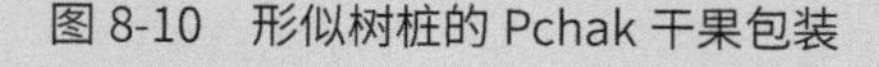

图 8-10 形似树桩的 Pchak 干果包装

思考练习题

1. 简述包装的印刷流程，掌握四种印刷工艺的工作原理、特点及应用。
2. 结合第 7 章完成的习题，使用计算机绘制电子设计稿，并完成印前输出。

参考文献

[1] 朱国勤，吴飞飞. 包装设计［M］. 3版. 上海：上海人民美术出版社，2012.

[2] 孙诚. 包装结构设计［M］. 4版. 北京：中国轻工业出版社，2014.

[3] 李丽. 产品创新与造型设计［M］. 北京：冶金工业出版社，2010.

[4] 中华人民共和国商务部. 出口欧盟商品包装技术指南报告：2017版［R/OL］.［2021-12-21］. http：//www.mofcom.gov.cn/article/ckzn/oumengbaozhuang.shtml.

[5] 中国国家标准化管理委员会. 商品条码　条码符号放置指南：GB/T 14257—2009［S］. 北京：中国标准出版社，2009.

[6] 善本出版有限公司. 创意包装：设计＋结构＋模板［M］. 北京：人民邮电出版社，2017.

[7] 何洁. 现代包装设计［M］. 北京：清华大学出版社，2018.

[8] 顶尖包装. 大奖鉴赏！2020年德国IF包装设计获奖作品集结！［EB/OL］.（2020-02-13）［2021-12-21］. https：//www.sohu.com/a/372746744_183589.

[9] FBIF食品饮料创新. 首发 | 包装界奥斯卡——2020Pentawards获奖作品（完整版）公布！［EB/OL］.（2020-09-25）［2021-12-21］. https：//www.sohu.com/a/420788656_120013927.